フランスから届いた パンのはなし

酒巻洋子

01 à 100
————

産業編集センター

Sommaire
目 次

E
F
g
I
J
K

Q

R

S

T

V

01 / Avant-propos

アヴァン・プロポ【avɑ̃ pʁɔpo】

はじめに

　朝、カフェで頬張ったクロワッサンの美味しさに目を見張ったり、昼食でバゲットサンドの噛み応えのある皮に舌を巻いたり、家路の途中にあるパン屋さんで焼き立てのパンを手にして心が躍ったり、夕食でチーズをのせたパンの欠片を口にして些細な幸せを感じたり。パンはフランスの日常生活のさまざまなシーンに登場します。もしかしたら、フランス人の機嫌を左右しているのは、パンの味なのではないかと思うくらい。とはいえ、フランス人のパンの消費量は減る一方で、主食とは言えなくなっているのも事実。それでも、パンを片手に食事をするのが当たり前である人々のこと、フランスの食卓からパンが消えてなくなることはないでしょう。何といっても、長い歴史の中で育まれてきたパン文化を持つお国柄なのですから。

　本書では、フランスの代表的なパンとともに、日本で言うところの菓子パンや、パン屋さんで売られている定番のお菓子など、広い範囲でフランスのパン文化を紹介しています。現代のパン屋さんには昔ながらの素朴なものから、新しいテイストのものまで、多彩なパンがありますが、小麦粉、酵母、水、塩を使って人間の手で作るという、パン作りの基本は大昔から変わりありません。だからこそ、パンは変わらずに私たちを魅了し続けるのでしょう。愛され続けるフランスのパンの魅力の一端に、本書にて少しでも触れていただければ幸いです。

B

02 / Baba au rhum

ババ・オ・ラム【baba o ʁɔm】

B

1730年創業、パリで最初のお菓子屋さんと言われる「ストレー」。「ババ・オ・ラム」以外にホイップクリームをのせた「ババ・シャンティ」、カスタードクリームをのせた「アリ・ババ」もあり。

進化し続けるブリオッシュベースのパティスリー

「ババ・オ・ラム」はフランスを代表するパティスリーのひとつですが、成り立ちは「クグロフ」のアレンジ版。1760年代、歯痛に悩まされていた元ポーランド王でロレーヌ公だったスタニスワフ・レシチニスキのために、クグロフに甘口ワインをかけて食べやすくしたのが始まりだとか。名前の由来はスタニスワフの愛読書だった『千夜一夜物語』の「アリババ」とも、ポーランド語で「おばあちゃん」という意味の「ババカ」とも言われます。19世紀初めにラム酒入りのシロップに代わり、パリで最初のお菓子屋さんを開店したロレーヌ出身の菓子職人、ニコラ・ストレーによってババ・オ・ラムとして商品化されました。1845年にはパリの菓子職人、ジュリアン兄弟によって、オレンジゼストで風味づけした王冠型のブリオッシュ風生地の真ん中に、カスタードクリームまたはホイップクリームをのせた「サヴァラン」がお目見え。現在でもパティシエたちの手によって進化し続けるババ・オ・ラムが、パリのお菓子屋さんに並びます。

03 / **Babka**

バブカ【babka】

柔らかいブリオッシュ生地にたっぷりと混ぜ込んだ、シナモン風味のチョコレートが美味。

「おばあちゃん」のイメージが漂うブリオッシュ

　ポーランド語で「おばあちゃん」という意味の「バブカ」。「クグロフ」に似た溝のついた型で焼くため、スカートのひだのような形がその名前の由来だとか。「ババ・オ・ラム」の由来とも言われるように、東欧にバブカ（ババ）と呼ばれる焼き菓子はさまざまな種類があるようです。最近、パリのパン屋さんやサードウェーブ系コーヒーショップで見かけるバブカとは、それとは異なり、東欧のユダヤのお菓子で「クランツ」とも呼ばれるもの。ブリオッシュ生地でチョコレートやシナモンを巻き、さらに棒状に切ってマーブル模様になるように編み込んでケーキ型で焼きます。外側はカリッと香ばしく、内側は柔らかい生地の中からシナモン風味のチョコレートがふんだんに出て来ます。大きなサイズは好みの分量に切って量り売りも可。本来、ユダヤ教の安息日に食するパティスリーながら、一般的なパン屋さんやコーヒーショップではいつでも楽しめます。最後に指についたチョコレートまで舐めて、エキゾチックな味わいを堪能しましょう。

04 / **Bagel**

ベーグル【beɡœl】

1946年開業、ユダヤのパン屋さん「サーシャ・フィンケルシュタイン」は、黄色いファサードが目印。柔らかいベーグルには、その場でパストラミ、生野菜にピクルスをたっぷり挟んでくれます。

もっちりしたニューヨーク風、柔らかいポーランド風

「ベーグル」と言うとアメリカのイメージが強いのですが、発祥地はポーランド。1610年に、クラクフの町のユダヤ人共同体の文献に登場したのが始まりだと言われています。ただし、ベーグルの作り方の特徴である、生地を熱湯でゆでてからオーブンで焼くパンは、アルザス地方の「ブレッツェル」にも見られるように、各国にさまざまな名前で存在するよう。パリッとした皮のパンを好むフランスでは、薄い皮で弾力のある身の、ニューヨーク風ベーグルはなかなか定着しなかったよう。ようやくベーグルのチェーン店が展開し、個人のベーグル専門店もパリで見られるようになったのは、近年のことなのです。しかし、ユダヤ人地区のマレにあるユダヤのパン屋さんでは、ニューヨーク風が流行するよりも前から、ポーランド風ベーグルを扱っていました。ポーランド風の方が生地をゆでる時間が短いため、もっちり感が少なく、通常のパンに近い柔らかさ。生地をねじってスパイラル状にした輪に、ケシの実やゴマをかけて焼くのが定番です。

°5 / Baguette
バゲット【baɡɛt】

バゲットを抱えて歩く人が見られるのは、パリならではの風景。フランス人好みに焼き上がったパリパリの香ばしい皮と弾力のある身は、さまざまな食事のお供として活躍します。

パリ生まれのスタイリッシュなパン

　フランスを代表するパンと言えば「バゲット」。その細長い形からフランス語で「棒」という意味、そのままの名前。起源ははっきりしないようですが、ナポレオン軍のパン職人が、兵士が運びやすいように細長い形のパンを作ったとか、ウィーン風パン「ヴィエノワズリー」とともにパリにもたらされたとも言われています。しかし、17世紀のフランスにはすでに長い形のパンが存在したようで、19世紀にパリの多くのパン屋さんが細長いパンを作り始めます。1919年に制定された、夜10時から朝4時までパンとお菓子を製造する職人の雇用を禁止する法律により、短時間で製造できる細長いパンが主流になったとも言われます。何にしても棒のようなパンをバゲットと呼ぶようになったのは、1920年のこと。当初は白く柔らかい身にパリパリの皮を持つ、高級なパンでした。皮が厚い大きなパンとは異なり日持ちしないため、数日おきにパンを買いに行かなくてはいけません。パン屋さんに毎日でも通える、都会パリならではのパンなのです。

Baguette viennoise

バゲット・ヴィエノワーズ【bagɛt vjɛnwaz】

細長い形は厚みを半分に切ってタルティーヌにしてもOK。バターやジャムとの相性も抜群です。

細長いウィーン風のバゲット?

　1839年、オーストリア出身のオーギュスト・ザングがパリにパン屋さんを開いたことで、もたらされたウィーン風パンのひとつ。放射状に切り目を入れた、丸い形のオーストリアのパン「カイザーロール」がそのモデルだとか。当時、ウィーンから呼び寄せたパン職人によって作られたウィーン風のパンは、パリで大流行となります。元は精製小麦粉、イースト、水に牛乳を加えて作るパン生地を、スチームオーブンで焼いて黄金色に仕上げたものでした。その後、砂糖や卵、バターを加えた、ブリオッシュ風のものもヴィエノワズリーと呼ばれるようになります。長方形の「パン・ヴィエノワ」、さらに細長いものは「バゲット・ヴィエノワーズ」の名前に。長く伸ばした生地に何本もクープを入れて作ることから、バゲットの原形という説もありますが、バゲット・ヴィエノワーズの出現は、バゲットの後のよう。現在ではチョコチップ入りもお目見えし、そのままおやつにしたり、バゲット同様、朝食に「タルティーヌ」にしていただきます。

07 / Beignet

ベニエ【bεɲε】

フランスを代表するおやつのひとつ。風味はジャムやカスタードクリーム、チョコレートなど。

ぷっくり膨らんだ、かわいい揚げパン

　フランス語で「ベニエ」というと、野菜や肉、魚、果物などの衣揚げも指しますが、生地を揚げて作る揚げパンのことでも。その起源は「ブイイ」を角切りにして油で揚げ、ハチミツをかけたお菓子が存在した、古代ローマ時代にも遡ります。その膨れた形が、殴られた（ベーニュ）時にできるコブに似ているため、そのフランス語の俗語に由来するとか。カトリック教会では、四旬節が始まる前日に催される「マルディ・グラ」に楽しむお菓子として親しまれています。安価な材料で大量に作れ、肉や油脂の摂取を控える40日間の食事節制に入る前に、手元にある卵や牛乳を使いきるための手段とされ、「クレープ」と同じような存在だったのです。ただしフランスの北部がクレープを食べる派ならば、揚げ油がふんだんにあった南部はベニエを食べる派に分かれているよう。クレープとは異なり、生地にイーストを加えてもっちりとしたベニエは、外側に粉砂糖を振っただけでも、中にジャムやクリームを入れてさまざまな風味でも楽しめます。

フランスで唯一残るビスコット工房「ラ・シャンテラコワーズ」ではオーガニック素材を使用。

いつまでも心地よい食感が楽しめるラスク

「2度焼いた」という意味のフランス語版が「ビスキュイ」ならば、イタリア語版が「ビスコット」で、ラスクのことと言えば分かりやすいでしょう。ビスキュイよりも、元のパンの形をちゃんと留めています。パン生地を形成して型に入れ、焼くまではパンと同じ工程ながら、出来上がった「パン・ドゥ・ミー」を24時間おいて、パンの中の水分を均一化させます。その後、薄切りにして再度ゆっくりとトーストすることで、仕上がりの水分が4％以下にもなり、9カ月もの長期保存ができるのです。現在ではビスキュイ同様に工業製が多く出回っていますが、ヌーヴェル・アキテーヌ地域のサン・ジェルマン・デュ・サランブルの町では、今でも昔ながらの手法で職人さんがビスコットを作っています。2度焼きすることで凝縮した味わいにもなるビスコットは、トーストする必要がなく、カリッとした食感がいつでも楽しめるため、気軽に食べられるのも魅力。買い置きしておけば、パンがない時などの非常時に大助かりです。

09 / Biscuit

ビスキュイ【biskɥi】

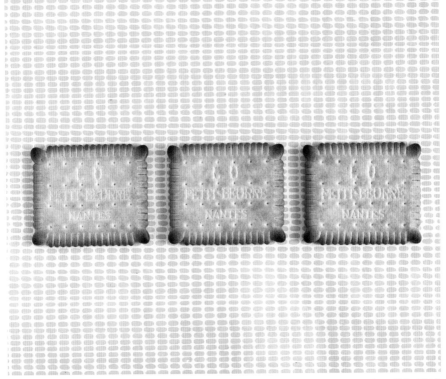

フランスを代表するビスケットが「プティ・ブール」。周囲に切り込みが入った独特の形です。

2度焼きしたパンが原形のビスケット

　サクサクした食感が楽しいお菓子のビスケットは、フランス語で「2度焼いた」という意味の「ビスキュイ」。その名の通り、その昔はパンを2〜4度焼いて水分を極力飛ばし、保存性を高めた、遠出する船乗りや遠征に出掛ける兵隊のための保存食だったのです。その後、食べやすい食感や味わいを追求し、砂糖、バター、卵、アーモンドなどの名産を加え、フランスの各地で多彩なビスキュイが生まれます。ロワール地方ナントのバター風味のビスケット「プティ・ブール」、シャンパーニュ地方ランスの、シャンパンに浸して食べる軽い食感の「ビスキュイ・ローズ」。ブルターニュ地方のバターサブレ「ガレット」や薄いクレープをパリパリに焼いた「クレープ・ダンテール」も、そんなビスキュイのひとつ。近代化とともに工業製品となり、フランスのスーパーには種類豊富なビスキュイが並びます。今やパンの面影はまったくないビスキュイですが、パン屋さんでは自家製クッキーがヴィエノワズリーの脇にあるのが見つかります。

Bol de pain

ボル・ドゥ・パン 【bɔl də pɛ̃ 】

「ボル・ドゥ・ジャン」では、具やソースと調和するように開発されたパンのボウルで食べます。

パンを器代わりにして丸ごといただく！

　フォークもお皿も存在しなかった中世では、厚切りにしたふすま入りの褐色パンや固くなった
パンをお皿代わりにし、上に肉や魚をのせて食べていました。時を隔てて21世紀の現在、かつ
てのパンを器にしたメニューが再登場したのです。フレンチシェフ、ジャン・アンベールとパン
職人、エリック・カイザーのコラボで生まれた、「ボル・ドゥ・ジャン」。程よい厚みのある皮
の中は、ブリオッシュと食パンの中間のようなふんわりと柔らかい身。その独自に開発したパン
製ボウル「ボル・ドゥ・パン」には、好みで選べる具が山盛りで出てきます。食べ方は1. 添え
られている焼き目がついたパンの帽子を齧りながら、具をフォークで食べる。2. 具が減ってき
たらボウルを壊しながら食べる。3. 最後にソースが浸み込んだボウルの底の部分を平らげます。
中世ではお皿として使われたパンは、食後に犬のエサや貧しい人への施しとして与えるべきもの
でした。ソースや肉汁が浸み込んだ最も美味しい部分をあげるなんて、何てもったいない！

II / Bouillie

ブイイ【buji】

大市で見かけた「ブイイ」の作り方。ダマにせず、焦がさないようにかき混ぜながら加熱します。

パンの原形は穀物を煮て作るお粥

　火を通さないと食べられない穀物の最も原始的な食べ方は煎ること。その後、石を使って砕いたり、挽いたりして粉状にしたものを水や牛乳で煮て作る、粥「ブイイ」が登場します。加える水分の量が少ないとペースト状になり、多ければ液体状になります。さらにこれを熱した石の上で焼けば「ガレット」の出来上がりです。液体状でもペースト状でも、冷めると固まる性質があるため、後者ならば食べやすい大きさに切って揚げる、「ベニエ」の原形のようなものに発展していきます。そしてブイイに発酵技術が加わることでパン、ビールといった食品へも変身していったのです。現在では一般的に食べることがないブイイですが、ブルターニュ地方やノルマンディー地方では、ソバ粉の粥を作る家庭もあるとか。牛乳と水に塩、ソバ粉を加え、かき混ぜながら弱火で煮、仕上がりにバターを落としていただきます。翌日、固まったものを切り、フライパンで焼いても美味しいのだそう。パンの原形であるブイイ、試してみてはいかがでしょう？

フランス語でパンを売る店は「ブーランジュリー」。1850年創業のパン屋さん、「オ・プティ・ヴェルサイユ・デュ・マレ」の牧歌的なガラス絵や天井装飾は、歴史的建造物に指定されています。

ボールを作るのが仕事のパン屋さん

　古代ローマ時代から職業としてあったパン屋さん。その名称は時代とともに「ふるいにかける職人」、「こねる職人」と変わり、13世紀に「丸いパン（ブール）を作る職人」の「ブーランジェー」となりました。その昔、パンを作るのは家庭の女性の仕事で、領主所有の窯に家で作った生地を持ってパンを焼きに行ったのです。料理や洗濯などと同様にパン作りは、女性が担う家事のひとつだったというわけ。11世紀以降、町を中心に生まれたパン職人ながら、指名された親方の下で長年修業を積まなくてはならないなど、職人になるには規則がありました。また生活必需品であるパンを作る職人は保護され、強い権力を持った時代もあるのです。その後、機械化によって職人の負担は軽くなる一方、味を損ねる結果になるなど、フランスのパンの味と質は歴史とともに変化。1998年の法例により、冷凍技術を使わず、その場ですべての製造過程を経たパンを販売する店のみが「ブーランジェー」、「ブーランジュリー」の名称を掲げることができます。

13 / **Breadmaki**

ブレッドマキ【bɹɛdmaki】

パン屋さん「ティエリー・マルクス・ベーカリー」では、目の前でブレッドマキを巻いてくれます。

のり巻きならぬ、パン巻きが誕生！

　日本食の「スシ」は流行を通り過ぎて、すでに定番料理になりつつあるフランス。のり巻きは「マキ」として名前が定着してきたところに、登場したのが「ブレッドマキ」。2ツ星シェフ、ティエリー・マルクスによって創作されたその名のごとく、パンで具を巻いたもののこと。バターを塗った食パンの片面を鉄板でこんがりと焼き、上に好みの具をのせ、巻き簾で巻いて作る、まさにのり巻きの作り方そのものです。サーモン、エビ、ハム、チーズ、野菜、卵、特製ソースなど、中に巻かれる具はさまざま。材料だけを見てみると、食パンサンドイッチの変形版といったところながら、注文と同時に目の前で作ってくれ、さらに食パンの外側をバター風味たっぷりに香ばしく焼いているところが、おいしさのポイントでしょう。のり巻き同様の食べやすさも保証付き。日本の「マキ」がフランス風に進化した「ブレッドマキ」は、果たして美食の都、パリにおいて人気のストリートフードになるかは、乞うご期待です！

14 / **Bretzel**

ブレッツェル【bʁɛtsɛl】

日持ちしない「ブレッツェル」は焼き立てを食べた方が美味。保存がきくスナック菓子もあります。

祈りの形を表す? 3つの穴が開いたスナックパン

　ドイツのものが有名ながら、隣接するフランスのアルザス地方でも伝統的なシンボルとして扱われてきたほど、ポピュラーな「ブレッツェル」。「腕」を意味するラテン語が語源とされ、その腕組みをしたような形からも伺えます。8世紀のカロリング朝時代にすでに存在していたとされるその発祥には各地に諸説が。アルザス地方では、1477年にブクスヴィレールの町で罪に問われたパン職人が、領主から「3回太陽が輝くのが見えるパン」を作ることを命じられ、神に成功を祈る奥さんの姿から着想を得て作り出したと言われます。パン生地を細長く丸めて独自の形に形成し、オーブンで焼く前に、重曹入りの熱湯でゆでる独特の手法。それにより表面が光沢のある茶色に仕上がる、ユダヤのベーグルに似た作り方です。さらにこの手法はフランスで古くからある「エショデ（熱湯に通した）」というお菓子にも似ており、フランス各地に異なる名前で同じような食べ物があります。粗塩をかけて焼いた塩味のブレッツェルはビールのお供に最適。

15 / Brioche

ブリオッシェ【bʁijɔʃ】

Brioche parisienne

「ブリオッシュ・パリジェンヌ」、「ブリオッシュ・
ア・テット」と呼ばれる、大小のボールを重ねた形。

Brioche de Nanterre

8等分に切り目が入っているのが一般的な「ブリオッ
シュ・ドゥ・ナンテール」。薄切りをトーストしても。

バターの産地で生まれたリッチなパン

　バターを使ったヴィエノワズリーのひとつである「ブリオッシュ」は、16世紀にバターの産地であるノルマンディー地方で生まれたと言われます。その名前の由来は、当時パン生地の形成に使われていた、低いテーブルの端に備え付けられた棒「ブリー」だとか。水分が少ない固い生地を棒で打ち付けてこね、船乗り用の保存がきくパンを作ったのです。出来上がった目の詰まった身が特徴のパンは、「パン・ブリエ」と呼ばれました。中世の時代から存在したブリオッシュ生地も、ブリーを使い、「打ち付けて作られる生地」という意味で「ブリオッシュ」になったのだそう。したがって、ノルマンディーがブリオッシュの発祥地ながら、バターの分量を増減しながら、フランス各地にブリオッシュ生地で作られるパンがあります。パン屋さんで最も見かけるブリオッシュは「ブリオッシュ・パリジェンヌ」。丸いボールを2つ重ねて頭をのせたような形から「ブリオッシュ・ア・テット（頭）」とも呼ばれます。使う材料は同じで長方形なのは、パ

Brioche vendéenne

とろけるような柔らかい身の「ブリオッシュ・ヴァン
デエンヌ」。スーパーでも見つかる人気のもの。

Brioche mousseline

円筒形の「ブリオッシュ・ムスリーヌ」は薄い輪切り
にし、フォワグラなどをのせてカナッペ風に。

Brioche feuilletée

パイのように層になった軽めの食感ながら、バターが
たっぷり入った「ブリオッシュ・フイエテ」。

リの隣の町、ナンテールの「ブリオッシュ・ドゥ・ナンテール」。ロワール地方のヴァンデ県で
名高いのは「ブリオッシュ・ヴァンデエンヌ」。オレンジ水や蒸留酒、生クリームで風味をつ
けた、柔らかい身のブリオッシュで、編み込んだ形に仕上げたもの。フランスの品質保証であ
る、赤ラベル「ラベル・ルージュ」がついています。円筒形の型で作るブリオッシュ「ブリオッ
シュ・ムスリーヌ」は、口どけのいい軽い食感が特徴的。近年、パリのパン屋さんまたはお菓子
屋さんでよく見かけるようになったのが、パイ生地のブリオッシュ「ブリオッシュ・フイエテ」。
ブリオッシュ生地でバターを折り込んで作る、ブリオッシュよりもさらにリッチなヴィエノワズ
リーです。その他に、本書で紹介している「クラミック」、「クグロフ」、「ババ・オ・ラム」
も、ブリオッシュの親戚のようなものでしょう。その昔、お祭りや宗教的にも使われ、「祝福の
パン」とされたブリオッシュは、菓子パンにもデザートにもなる多彩な顔の持ち主です。

C

16 / Canapé
カナッペ【kanape】

バゲットの切り方を変えれば、さまざまな形の「カナッペ」になります。パンに具をのせてサービスするか、パンに何種類かペーストを添えて出し、各自が好きなように塗って楽しむこともできます。

ソファーに座ってゆっくり楽しみたいおつまみ

　フランス語で「ソファー」を意味する「カナッペ」は、ご存知のようにパンの上に具をのせて出す、おつまみのことでも。なぜこのおつまみをカナッペと呼ぶのかは定かではありませんが、パンに具をのせた状態が「ソファーに座っている」ようだとか、四角に切った食パンが「ソファーのクッション」に似ているからとも。フランスでも食パンを使うのが一般的ですが、バゲットを薄い輪切りにしたり、大きなパンを薄切りにしたり、クラッカーやビスコットなどでもOK。のせる具はパテやシャルキュトリー、スモークサーモン、ツナペーストやイワシのオイル漬け、南仏特産のオリーブのペーストであるタプナードまで、バリエーションも豊かに楽しめます。元々は食事の前に出す「オードブル」だったカナッペは、現在は食前酒とともに「アペリティフ」で食べるのが一般的。自宅に人を招待した時は、「アペロ」に種類豊富なカナッペを出して「前菜」を省略し、「メイン料理」、「デザート」で済ましてしまうのが、今風だそうです。

17 / Casse-croûte

カス・クルート 【kas kʀut】

カトラリーを使わずに食べられる軽食が「カス・クルート」。英語の「スナッキング」の言葉も、パリで見かけるようになりました。食パンサンドもありますが、断然バゲットサンドが人気です。

手で食べられるようにパンの皮を壊した軽食

　1803年頃は歯のない老人や小さな子供のために、固いパンの皮を砕くための道具を指した「カス・クルート」。1898年には仕事の合間に家に帰ったり、町に出て昼食を取れない労働者たちがテーブルにつくことなく、お皿やカトラリーなしで食べられる簡単な食事を指す言葉になります。大抵が薄切りのパンにシャルキュトリーやチーズ、またはバターや脂を塗っただけの、いわゆるサンドイッチでした。1940年頃には、元のフランス語の意味である「パンの皮を壊す（カッセ・ラ・クルート）」の表現が、「軽食を取る」という意味で使われるようになります。同時に手で持って食べられるサンドイッチのことも、「カス・クルート」と呼ぶように。バゲットの厚みを半分に切り、具を挟んで作るバゲットサンドはパンの皮を壊すという、本来の言葉そのままの状態。昔からパンは主食であり、現在でも食事には必ずパンがついて来るフランス。手でちぎってパンの皮を壊すことは、人々にとって食事そのものを意味するのかもしれません。

18 / Chapelure

シャブリュール【ʃapəlyʁ】

固くなったパンをミキサーで細かくしたら、蓋つきの瓶に入れて保存します。

乾燥すると粉々になるパンの賢い再利用法

　日本でもパン粉を使った料理が数多くありますが、元はパンの国である西洋が起源。18世紀には固くなったパンを切り刻んで粉にし、貧しい人々に売っていたとか。パンが買えない人々はスープにパン粉を入れ、嵩を増して食べたものでした。現在では工業製となり、パン粉はスーパーで買うものになりましたが、日常的にパンを食べているフランスの家庭には、大抵パンの欠片が残っているというもの。そして、固くなったパンを砕くだけでできるパン粉は、買わずとも簡単に作れるのです。100℃に熱したオーブンに入れて乾燥させるとさらに長持ち。その後、ミキサーにかけて細かくするだけ。食パンの身だけなら白いパン粉、パンの皮やオーブンで乾燥させると褐色のパン粉になり、仕上がりの色が異なります。フランスでもパン粉は魚や肉のフライの「パネ」にしたり、ソーセージや野菜の中に入れて焼く、詰め物の「ファルシ」のつなぎとして使用。パン粉に香草やスパイスを混ぜ合わせれば、さまざまな風味を楽しむこともできます。

19 / Chausson aux pommes

ショーソン・オー・ポム 〔 ʃosɔ̃ o pɔm 〕

黄金色に輝くパイ生地に噛み付くと、甘酸っぱいリンゴのコンポートが溢れ出します。

リンゴのコンポートが入ったスリッパ?

　フランス語で「ショーソン」とは、「スリッパ」の意味。スリッパを半分に折ったような形をしているからのようですが、その起源は定かではないよう。折り込みパイ生地でリンゴのコンポートを挟んだヴィエノワズリーで、いわゆるアップルパイのこと。ロワール地方にあるサン・カレの町は、1630年から毎年9月の最初の日曜日に、「ショーソン・オー・ポム祭り」が開催されることで有名です。1580年にこの町を襲った伝染病で、住人の3分の2が亡くなった際に、町から逃げ出すことができない貧しい人々に、領主の女主人が小麦粉とリンゴを煮て作った「リンゴのパテ」を配ったことに由来すると言います。祭りの際には巨大なショーソン・オー・ポムもお目見えするとか。基本は表面に卵黄を塗って焼き上げたものながら、砂糖を振って皮を香ばしく仕上げたものも見つかります。洋ナシバージョンもありますが、やはりリンゴが王道。店によっては塊で出て来る、シナモン風味のリンゴのコンポートは、パイ生地と黄金のコンビです。

Chausson napolitain

ショーソン・ナポリタン【ʃosɔ̃ napɔlitɛ̃】

まるでパイ生地を縦に切ったような美しい層が特徴的で、お洒落な「ショーソン・ナポリタン」。

ナポリ風スリッパの中身は何？

　同じ「ショーソン」の名前がつくヴィエノワズリーながら、見た目も中身も別物の「ショーソン・ナポリタン」。ナポリ名物の「スフォリアテッラ」という焼き菓子に似た形状で「ナポリ風」の名前もそれに由来していると言います。イタリア語で「ひだを何枚も重ねた」という意味のスフォリアテッラはその名の通り、パリパリの薄い層が特徴ながら、ショーソン・ナポリタンは折り込みパイ生地を丸めて輪切りにしてから伸ばし、中にクリームを挟んで焼くため、パイ生地とは一見異なる層に仕上がっています。中身はカスタードクリームとシュー生地を混ぜ合わせ、ラム酒に浸したレーズンを加えたもの。パイよりも層がしっかりし、食べ応えのある生地ですが、クリームは甘さ控えめの軽い味わいです。「ショーソン・オー・ポム」が愛嬌のある普段用スリッパならば、ショーソン・ナポリタンはお洒落でよそ行き用スリッパといったところでしょうか？　後者は販売しているパン屋さんが限られるため、見つけたらぜひ味見を！

21 / **Chouquette**

シューケット【ʃukɛt】

学校帰りの子供たちのおやつとして人気の「シューケット」。オレンジ水の風味を効かせたものも。

小さなキャベツのようなシュー生地のお菓子

　パン屋さんで必ず見かける小さなお菓子が「シューケット」。シュー生地にパールシュガーを
振っただけのシンプルな味わいです。そもそもシュー生地は、イタリアからフランスに嫁いだ王
妃カトリーヌ・ドゥ・メディシスの料理人、ポペリーニによって1540年頃にフランスにもたら
されたと言われます。当時、火の上で乾燥させて作った生地は「パータ・ショー（熱い）」と呼
ばれ、その生地で作られたお菓子は彼の名前から「ポプラン」と呼ばれたとか。18世紀に菓子
職人、ジャン・アヴィスによって改良され、シュー生地「パータ・シュー」と呼ばれるようにな
りました。その弟子であり、その後、名高いシェフとなるアントナン・カレムによって、現在の
ようなシュー生地の作り方が完成するのです。鍋の中で加熱しながら生地の水分を蒸発させて粘
りを出し、形成してオーブンで焼くことでぷっくり膨らむシュー生地。「小さなシュー（キャベ
ツ）」という意味合いのシューケットは、ポンと口に放り込みたくなる可愛い大きさです。

²² / **Concours**

コンクール 【kɔ̃kuʁ】

パン屋さんの店先には何年に何の賞を獲ったかが、書かれています。パン職人にとっては、賞を獲ることは集客につながるよう。私たち客にとっても、パン屋さんを選ぶ目安になります。

今年のパリで一番美味しいパン屋さんはどこ？

　毎年４月、パリ市によって開催される「パリで一番美味しいバゲット」を決めるコンクール。前年の優勝者であるパン職人と抽選で選ばれた６人のパリジャンを加えた、計17人の審査員によって決定されます。まずはバゲットの長さは55〜70cm、重さは250〜300g、小麦粉１kgに対して塩分量は18gの基準をクリアしなくてはいけません。そして焼き加減、味わい、身、香り、見た目の５つの項目によって審査されます。パリのパン職人の応募の中から上位10店が発表され、見事グランプリに輝いたパン職人は賞金4000€を獲得。さらにフランスの大統領邸であるエリゼ宮に１年間、バゲットを納めることができるというもの。他にもパン職人のコンクールはあり、イル・ド・フランス地域を対象とした「クロワッサン」や、フランス全土を対象とした「パン・ビヨ」などさまざま。上位入賞を果たしたパン屋さんは店先に、何年に何の賞を獲ったかを、誇らしげに掲げます。美味しいパン屋さんを探す手段として、ぜひ参考にしてくださいね。

²³ / Conservation

コンセルヴァスィヨン【kɔ̃sɛʁvasjɔ̃】

パンは1度に食べる分に小分けして冷凍用ビニール袋に入れ、空気を抜いて口を閉め、冷凍庫へ。

パンの美味しさを長持ちさせる保存法

　焼き立てが最も美味しいパンの状態ながら、時間が経つにつれ、パリッとした皮はしなびて、柔らかで弾力のある身は固くなってしまいます。特にバゲットの細い形は、乾燥しやすく味が劣化するのも早いのです。天然酵母で作られた大きなパンならば約1週間は持ちますが、そのまま置いておくと乾燥してしまうのは必然。室温が14〜18度の中、パンをきれいな布に包み、半分に切ったリンゴともにパン箱に入れて保存するのが一番と言われています。リンゴには湿気を吸い取る作用があるからです。すぐに食べない場合は、パンを冷凍用ビニール袋に入れて密閉し、冷凍庫で保管すればバゲットは約1週間、大きなパンは約1カ月持ちます。ただし、買って来たらすぐ、食べる分に小分けして冷凍すること。焼き立てを冷凍すれば、最も美味しい状態で保存ができるからです。解凍はそのまま室温で自然解凍するか、200℃に熱したオーブンに入れてもOK。ただし、加熱するとその後の乾燥がさらに早くなるのでお早めにお召し上がりを。

²⁴ / Corbeille à pain
コルベイユ・ア・パン【kɔʁbɛj a pɛ̃】

食事には必ずパンがついてくるフランス。レストランでは、空になったパンかごを差し出せば、おかわりがもらえます。材質もさまざまなパンのかごは、なくてはならない食卓のアイテムです。

レストランのパンは無料、さらにおかわり自由

　食事の時にパンを食べるフランスでは、家庭でもレストランでもテーブルに必ずパンが並びます。家庭ではパンを切らずにそのまま出すのが一般的。切ってしまうと乾燥するのが早いパンは、直前に食べる分だけを切るのが一番。レストランでは、切ったパンがパンかごの「コルベイユ」で出て来るのですが、なんと無料でおかわり自由。ヨーロッパでも食事にパンを頼むと料金を取られる国が多いため、さすがパンの国です。もちろん料理の質が高い店は、美味しいパンをサービス。バゲットが主ですが、ひとり用の小さなパンや「パン・ドゥ・カンパーニュ」など大きなパンをスライスしてくれるところも。店によってはバターが一緒に出て来ることもありますが、ソースがあるフランス料理はバターがなくとも十分にパンが食べられます。あまりにもパンが美味しくて食べすぎてしまうと、料理が食べられなくなる危険も。「パンがない日のように長い」と退屈さを表現する言葉があるように、フランスではパンがない食事は考えられないのです。

25 / Cramique

クラミック【kʁamik】

パリ3区にあるリールのお菓子屋さん「メール」では、パールシュガーやチョコレートバージョンの
クラミックがお目見え。同地方の名産である、クリームを挟んだ薄い「ゴーフル」もオススメです。

レーズン入りのリッチなブリオッシュ

　ベルギーが発祥地ですが、ベルギーと国境を接するフランスの北部、ノール県でもよく見られる「クラミック」。「パンの重さのひとつの単位」を表す言葉、「クラミッシュ」が語源だと言われています。その後、ブリュッセルにて、文献上にお菓子として登場したのは1831年のこと。元はレーズン入りパンのことでしたが、後にブリオッシュ生地で作られるようになりました。ギリシャ産で小粒のコリントレーズンを使うのが定番で、バターたっぷりの柔らかいブリオッシュ生地に、レーズンの酸味が絶妙なアクセントになっています。おやつにそのまま食べたり、ジャムを塗って朝食にしたり、程よい厚さに切ってトーストし、フォアグラをのせて食べても美味しいのだとか。ノール県では一般的なクラミックですが、最近になってパリのパン屋さんでも見られるようになりました。その地方の名産菓子「ゴーフル」で名高い、リールの町にある老舗お菓子屋さん「メール」のパリ店では、本場のクラミックが手に入ります。

小麦粉、牛乳、卵、砂糖を混ぜて作る「クレープ」。ビールを加えると軽い味わいに仕上がります。

フランスで2月2日はクレープの日

　紀元前7000年前からあった砕いた穀物と水を混ぜて加熱し、さらに熱した石の上で焼いたパンの原形のような食べ物。古代ローマでは冬の終わりの浄化と春への豊穣の儀式である「ルペルカーリア祭」でこの「ガレット」を食べたとか。ローマ教皇、ゲラシウス1世により、古代の祭りはカトリック教会の「聖母清めの日」となり、ローマに来る巡礼者たちにガレットが配られたと言います。それ以降、この祝日は2月2日に定められ、クレープを食べる日にもなったのです。黄金色に焼けた丸い形は太陽を象徴するとされ、春の到来を祝うのにもってこい。言い伝えでは、左手にコインを握りしめ、右手でフライパンを持ち、片手でクレープをひっくり返すことができれば、その1年を幸福に過ごせるとか。薄い形状から「波打った」と言う意味のラテン語が語源ながら、現在のように小麦粉でクレープを作るようになったのは19世紀のこと。具をのせて畳んだり巻いたり変幻自在なクレープは、おやつやデザートとして食べるのが一般的です。

27 / Croissant

クロワッサン【kʁwasɑ̃】

バターを使った「クロワッサン・オ・ブール」は直線形、マーガリンを使った「クロワッサン・オル
ディネール」は三日月形、と形でも見分けられます。パン屋さんにあるのは「オ・ブール」が主。

フランスを代表するヴィエノワズリー

　三日月の形をしたパン自体は古代からあるようですが、1683年のウィーンで夜中にパンを作
っていた職人がトルコ軍の攻撃に気が付いて町を救ったため、記念にオスマン帝国の旗から三日
月のパンを作ったのが起源だとも。1839年にオーストリア人のオーギュスト・ザングがパリに
ウィーン風のパンを売るパン屋さんを開店したことで、フランスに伝わったと言われます。バタ
ーは使わず、当時のクロワッサンは「パン・ヴィエノワ」のような材料でした。折り込み発酵生
地を使った現在のような形になったのは1920年頃のことで、晴れてフランス風クロワッサンの
誕生となったのです。1970年代には、油脂分が少なくダイエット向きで、安価なマーガリンを
使った普通のクロワッサン「オルディネール」が生まれ、バターを使ったものは「オ・ブール」
と呼ばれ、形にも違いが出来ます。現在では工業製から職人ものまでさまざまな質がありますが、
美しい層になったバター風味のクロワッサンは、職人にしか作れない美味しさです。

Croissant aux amandes

クロワッサン・オー・ザマンド【kʁwasɑ̃ o zamɑ̃d】

「クロワッサン・オー・ザマンド」はクロワッサンを潰した形、「パン・オ・ショコラ・オー・ザマンド」はパン・オ・ショコラを潰した形。どちらもアーモンドクリームを挟んで作ります。

前日のクロワッサンを再生して別物の美味しさに

　サクサクした食感が持ち味のクロワッサンは、焼き立てを食べるのが一番。しかし、売れ残りが出てしまうのは必至であるパン屋さんでは、しなびてしまった前日のクロワッサンは、もう店頭に出すことができません。そんな残ったクロワッサンを再生する方法が「クロワッサン・オー・ザマンド」。クロワッサンを半分の厚さに切ってラム酒風味のシロップを塗り、アーモンドクリームを挟みます。上にスライスアーモンドをかけてオーブンで焼き、粉糖をかけたら出来上がり。外側は中からアーモンドクリームが流れ出てクッキーのような食感を形成し、内側はクロワッサンに染み込んだアーモンドクリームが楽しめ、元のクロワッサンとは異なる美味しさに大変身です。同じく前日の「パン・オ・ショコラ」を使ったバージョンは、「パン・オ・ショコラ・オー・ザマンド」と呼ばれ、中にはもちろんチョコレートが。手間暇かけて作る折り込み発酵生地だからこそ、無駄なく食べきりたい。そんなパン職人の思いが詰まった一品なのでしょう。

Croque-monsieur

クロック・ムッシュー【 kʁɔk məsjø 】

カフェの軽食として人気の「クロック・ムッシュー」と、目玉焼きをのせた「クロック・マダム」。
サラダを添えれば立派なワンプレートに、ピクルスを添えればおつまみ的にも楽しめます。

パリのカフェでお馴染みの「ムッシューを齧る」

　パリのカフェの定番メニューのひとつが「クロック・ムッシュー」。1910年、パリの2区
と9区の境界にある、カプシーヌ大通りのカフェで初めて登場しました。そのカフェの経営者
が、食パンで作ったサンドイッチを出したところ、客から何の肉が入っているのか聞かれ、冗談
で「ムッシューの肉だ」と答えたことが、「ムッシューを齧る（クロック・ムッシュー）」の名
前の由来だとか。食パン2枚の間にハムとチーズ、ベシャメルソースまたは生クリームを挟んで、
両面色よくフライパンで焼いて作ります。上にチーズをかけてオーブンで焼くタイプもあり、外
側はカリッとした食感に、中からチーズとクリームがとろりと出てきて美味。これに目玉焼きを
のせたバージョンは「クロック・マダム」と呼ばれ、半熟の卵を絡めながら食べると、さらに美
味しさもひとしおです。現在では「パン・ドゥ・カンパーニュ」など、大きなパンの薄切りで作
るのが人気。オープンサンドにしてピザのように焼いたものもお目見えです。

E

30 / Enseigne

アンセーニュ【ãsɛɲ】

見るだけで楽しい昔ながらのパン屋さんの看板

　まだ通りに名前も番号もなかった中世のパリでは、各家にも目印があったとか。その後、商店が増えるにつれて競うように巨大な看板が掲げられることに。ただでさえ未舗装の細い道に、日差しを遮り、風が吹けば落っこちるような危険なものを下げられては困ると、看板への規制ができたのは1761年のこと。パンに自分の店の印をつけるのが義務だったパン屋さんでは、1785年の法令で職人のイニシャルを店の前に掲げる必要もありました。時を経て、パン屋さんの看板には麦の収穫、風車、生地を窯に入れるなどのイメージを使用するように。しかし、タバコ屋さんにはキャロットと呼ばれる赤い看板（写真右下）、薬局には十字型の緑色の看板といったひと目で分かる印があるのに、パン屋さんには統一したマークがありません。そこで2010年より、パン屋さんの看板は、パンが重なった黄色いマーク（写真右上）に統一しようという動きに。すぐにパン屋さんだと分かりますが、いろんな看板が見られなくなるのはちょっと残念かも。

F

31 / Falafel

ファラフェル【falafɛl】

マレ地区に来たら食べるべし中東のサンドイッチ

　中東料理である「ファラフェル」ながら、パリ4区のユダヤ人地区であるマレの代名詞ともなっているサンドイッチ。ロズィエ通りに何軒もファラフェル屋さんが並び、多くはツーリストで行列ができるほどの盛況ぶりです。レバノン、エジプト、イスラエルなど、国によって材料にバリエーションがあるよう。ヒヨコ豆やソラ豆を潰し、ハーブやスパイスと混ぜ合わせてボール状に丸め、油で揚げた豆団子のファラフェルは、材料の調合によって中が緑色だったり、黄色だったり、店によって異なります。これを中東の薄いパンである、ピタの袋の中に生野菜とともに入れ、ヨーグルトソースをかけて作るサンドイッチも、ファラフェルと呼ぶのです。肉類がまったく入っていないため、最近になって菜食主義の人々にも注目されています。パセリやコリアンダーなどのハーブにゴマやクミン、赤トウガラシなどのスパイスで風味よく仕上げたファラフェルは、まさに異国の味わい。薄いピタにたっぷりと具が入っているのもヘルシーさ満点です。

ピタの中にファラフェルと生野菜、揚げナスがたっぷり。具沢山のため、フォークで食べ始めます。

32 / Farine de meule
ファリーヌ・ドゥ・ムール 【faʁin də møl】

石臼挽き小麦粉でダイレクトに小麦の味わいを堪能

　砕いて食べることから始まった人類と穀物との付き合い。その長い歴史の中で、穀物を砕く方法は少しずつ開発改良を重ね、石臼で挽いて小麦粉を作るまでに至ります。最初は人間の手で、その後は家畜が、そして水力、風力の自然エネルギーを利用することで、一度に多くの小麦粉を作ることが可能に。工業化とともに電力を使用した高性能のロール機を使うことで、現在では短時間でさらに大量の小麦粉を生産しています。この現代において、挽き臼で小麦粉を作る昔ながらのやり方に逆戻りしている製粉所があるのです。石臼で挽いた小麦粉は「ファリーヌ・ドゥ・ムール」と呼ばれ、その小麦粉を使ったパンは「パン・ドゥ・ムール」の表記があります。石臼には花崗岩を使うのが伝統的ですが、現在では人工石を使用することが多いとか。表皮や胚芽も一緒に石臼で挽くことにより、小麦に含まれた栄養をそのまま含む小麦粉に仕上がるのです。この石臼挽き小麦粉を使えば、本来の小麦の風味が詰まった、味わい深いパンが楽しめます。

ノルマンディー地方のフィエールヴィル・レ・ミーヌの村には、風車による製粉所があります。風力だけで動かすのは難しいため、電気モーターも使って小麦を石臼で挽く様子が見学できます。

Fouace de Raberais

フワス・ドゥ・ラブレ【fwas də ʁablɛ】

サフラン風味のブリオッシュ風コッペパン?

「フワス」とは、「灰の中で焼いたパン」という意味のラテン語が語源。中世では、フランス各地に語源を同じくした薄焼きのパンが見られ、「フガス」もその仲間のひとつ。ルネサンス時期の人文主義者、フランソワ・ラブレの著書『ガルガンチュワ物語』に出て来るパンで、「小麦粉を卵、バター、サフラン、スパイス、水で溶いて作る」の言及があります。物語の中ではフワスを巡って戦いにも発展してしまうため、よほど美味しい食べ物なのでしょう。そんなラブレの名前を持ったフワスは、彼の出身地であるトゥーレーヌの名産品のひとつでも。「トゥーレーヌ風フワス」は、ブリオッシュ生地にサフランやスパイス、ハチミツを加え、クルミを散らして作られる風味豊かな丸いパン。黄色がかった柔らかな身が特徴的で、溶き卵を塗って仕上げた艶のある表面に、日本のコッペパンを彷彿させます。フォワグラにも合うとのことながら、クルミがアクセントとなったほんのり甘みのある味わいは、そのままでも十分にイケます!

パリのパン屋さん「デュ・パン・エ・デジデ」のものは栗のハチミツとターメリック入り。

34 / Fougasse
フガス【fugas】

葉っぱの形が特徴的なオリーブ風味のスナックパン

「フワス」同様、「灰の中で焼いたパン」のラテン語が語源で、「フガス」もフランス各地にいろんな形で見られるパンです。薪窯が最適な温度に上昇したことを確かめるために、パンを入れる前に焼かれたフガス。したがって高温時に短時間で焼くため、焼き床に触れた裏側はこんがり、表面は柔らかいままに仕上がります。イタリアのフォカッチャとも似ており、ピザのような仕上がりと言えば分かりやすいでしょう。プロヴァンス地方のものがもっとも有名ですが、その昔はタイム、ローズマリーなどの香草を入れて薪窯を熱したため、フガスは香草の香り豊かに仕上がったとか。オリーブ油を混ぜ合わせたパン生地に、香草、オリーブ、ベーコン、チーズなどを混ぜ込んで、塩味に作るのが一般的。葉っぱの形になるように放射状に切り込みを入れたものがよく見られます。もっちりとした柔らかい身は軽食にも、食前酒のお供にもスナック感覚で楽しめるもの。場所によっては、ブリオッシュ風生地の甘いフガスもあるそうです。

窯の温度を確認するために、お試しで焼かれた「フガス」。葉っぱの形以外にも楕円形などもありますが、短時間で焼けるように平らに作ります。オリーブやチーズなどトッピングもいろいろ。

35 / Four à bois

フール・ア・ボワ【fuʁ a bwɑ】

パンに独特の風味をもたらす薪窯

フランスの昔ながらのパン焼き窯は、レンガや石の床の上にドーム状の石造りの空間があり、前面に鉄製の扉がついている形。中に薪を入れて火を点け、約300℃に熱したら薪を取り除き、形成したパン生地を大きな木のヘラで床に並べて扉を閉めます。すると、ドーム内で拡散する放射熱によってパンが焼けるという仕組み。余熱を使って間接的に焼くことで、フランスのパンならではの外側はパリッとした皮に、内側はしっとりとした身が出来上がると言うわけです。その昔、共同使用していたパン焼き窯では焼く回数が限られており、1〜2週間に1回、場所によっては年に数回のところもあったよう。したがって、長期保存ができる皮の厚い大きなパンを焼き、固くなった最後のひと欠片まで大切に食べたものでした。現在は高性能オーブンを備えたパン屋さんが至るところにあり、焼き立てのパンがいつでも食べられる時代。薪を使ってパンを焼くパン屋さんは少なくなりましたが、香ばしい独特の味わいは、薪窯でないと出来ないそうです。

フランスの田舎に行けば、家の片隅に窯が残っている場合も。パリ20区のパン屋さん「ブノワ・カステル」の店内に昔ながらの窯があります。職人が生地を窯に入れる姿はパン屋さんのイメージ。

Galette

ガレット【galɛt】

g

ブルターニュ地方名産、ソバ粉のクレープ

　古くからある「ガレット」の起源は、日差しで熱した平らな石の上に、不意に「ブイイ」を落としてしまったという偶然の産物だとか。元々はさまざまな穀物で作られていたガレット。現在のようにソバ粉が使用されるようになったのは、アジアから十字軍によって作物がフランスにもたらされた12世紀のこと。穀物が育ちにくい土地であるブルターニュ地方では、それ以降、ソバ粉を使ったガレットやブイイがパン代わりの庶民の食事となったのです。「円盤状のもの」を意味する「ガレ」が語源で、地域によって作り方が異なります。東部のオート・ブルターニュではソバ粉のみのガレット、西部のバース・ブルターニュではソバ粉に小麦粉を30%以下加えて作り、「クレープ・ドゥ・ブレ・ノワール（黒い小麦のクレープ）」と呼びます。肉、魚介、チーズ、卵などをのせてメイン料理にするのが基本で、デザートには小麦粉の「クレープ」がお決まり。同じく地方名産であるリンゴの発泡酒、「シードル」と一緒にどうぞ。

ソバ粉のみで作ると柔らかく厚い仕上がり、小麦粉を混ぜるとパリッとした仕上がりになります。

37 / Galette des rois
ガレット・デ・ロワ【galɛt de ʁwa】

フェーヴを当てて王様になろう！

　古代ローマ時代の「サートゥルナーリア祭」に遡る「ガレット・デ・ロワ」の起源。12月末に催されたこのお祭りでは、お菓子の中に入れた乾燥ソラ豆の「フェーヴ」に当たった奴隷は、1日だけの王様になれるというゲームが行われていました。その後、カトリック教会によって「東方の三博士」の話と結びつき、お菓子の中のソラ豆は小さなイエスのオブジェとなって、現在のような1月6日の公現祭に食べる習慣が生まれます。19世紀後半に陶器製の小さなオブジェが作られるようになり、現在はプラスチック製が主流ながら、さまざまな形のフェーヴが誕生。折り込みパイ生地でアーモンドクリーム、またはアーモンドクリームにカスタードクリームを混ぜたフランジパーヌを挟むのが一般的。フランス南部では、オレンジ水で風味づけた王冠型のブリオッシュ生地に、フェーヴが入った「ガトー・デ・ロワ」を食します。どちらにしても、お菓子を切り分けてフェーヴに当たったならば、1日だけの王様になれます！

フェーヴに当たった人がかぶれるように、「ガレット・デ・ロワ」には紙製の王冠がついています。
作られた時代を象徴する、さまざまな形のフェーヴは、コレクターがいるほど人気です。

38 / Gaufre

ゴーフル【gofʁ】

ソースが溜まる凹凸が美味しさのポイント

　誕生した時期は定かではありませんが、11〜18世紀にかけてオランダとベルギーに跨る地域にあった、ブラバント公国が発祥地と言われています。12世紀には鉄製のワッフル用焼き型が存在し、重なる2枚の鉄板に生地を挟み、火の上で炙って作られたとか。そもそもは家庭内で作られるお菓子だったのが、屋台で売られるようになり、13世紀にはパリの道端でも見られるように。「ベルギーワッフル」として名が知られていますが、フランスでは「ゴーフル」と呼ばれて昔から親しまれているお菓子なのです。小麦粉、イースト、砂糖、卵、牛乳を混ぜ合わせた液体状の発酵生地を、ワッフル型に流し込み、挟んで両面を焼きます。その昔は型のモチーフもさまざまで、美しいレリーフに焼き上がったよう。現在では格子型が一般的ながら、内側はふっくらと柔らかく、外側はカリッと香ばしく焼き上がった凹凸状の生地に、ジャムやハチミツ、ホイップクリームをのせていただきます。フランス北部のノール県では薄焼きのゴーフルが名産です。

通常はおやつやデザートに甘くして楽しむ「ゴーフル」は、サンドイッチとして塩味にしても。

39 / Gougère

グジェール【guʒɛʁ】

アペリティフに楽しみたいチーズ風味のシュー

　その起源は謎に包まれたままながら、ブルゴーニュ地方が発祥の地といわれる「グジェール」。シュー生地にグリュイエールチーズまたは、コンテチーズを混ぜ込んで焼いた、チーズ風味のシューのことです。でもグリュイエールもコンテも、フランシュ・コンテ地方のチーズであり、ブルゴーニュとは関係がないと思いきや、ブルゴーニュ公国がこの地方を統治していた時期があったのです（現在も統合されて同じ地域名に）。グジェールが生まれた町とされるフロニー・ラ・シャペルの説では、19世紀にパリから来た菓子職人が、当時パリで流行していたグリュイエールのタルト「ラムカン」をもたらします。しかし人々は小さすぎると新しいレシピを要求したところ、グリュイエールをシュー生地に混ぜ込み、王冠形に仕上げたグジェールが誕生したのだとか。今でも町では毎年5月の第3日曜日に「グジェール祭り」が開催されています。何にしても、ブルゴーニュの白ワインと相性がよく、かの地ではワインの試飲のお供に欠かせないそうです。

現在では小ぶりのサイズが一般的な「グジェール」。ワイン以外のアペリティフにももってこい。

40 / **Goûter**

グテ【gute】

フランスのおやつの時間は午後4時

　その昔、人々の食事は朝起きて食べる「デジュネ」と夕方に食べる「ディネ」の1日2回で、食事の間隔が長いため、空腹を紛らわすためにおやつの「グテ」を食べていました。現在では朝食「プティ・デジュネ」、昼食「デジュネ」、夕食「ディネ」の1日3回が一般的になり、しっかり3食を取ったのならば、一般人にとっておやつは必要ない、いや、おやつを食べる暇もないのが実情。そんな中、おやつを食べる特権を独り占めしているのが子供たち。1回の食事の量が限られている子供たちは、学校から帰ってきたらおやつの時間が待っています。大抵午後4時に食べるため、「カトルール（4時）」とも呼ばれるフランスの定番おやつは、「タルティーヌ」にジャムを塗ったり、「パン・オ・レ」に板チョコを挟んだもの。学校からの帰り道にパン屋さんで、「パン・オ・ショコラ」を買ってもらうこともあるかもしれません。そう考えると、朝も昼も夜も、そしておやつまでパンを食べて大きくなるのがフランスの子供たちなのです。

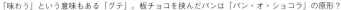

「味わう」という意味もある「グテ」。板チョコを挟んだパンは「パン・オ・ショコラ」の原形？

41 / Graines

グレヌ【gʁɛn】

パンを着飾り、風味アップにもなる種子

　パンを作る材料は穀物を挽いた粉だけではありません。さまざまな種子「グレヌ」やナッツを混ぜ合わせることで、見た目も味わいもバリエーション豊かなパンが楽しめるのです。ケシの実、ゴマ、クルミ、アーモンド、カボチャの種、ヒマワリの種、亜麻の種など、挙げたらキリがありません。パンの外側に飾られた種実たちは、パンの皮と一緒に焼かれることで、香ばしい味わいに。内側に混ぜ込まれた種実は、身の柔らかい食感にアクセントをつけ、生地に独特の風味をもプラスすることができます。さらに種実類には不飽和脂肪酸が多く含まれ、パンにはない栄養素を補い、栄養価を高めてくれる役割もあるのです。数種類の粉と数種類の種子を混ぜ込んだパンは、大抵シリアルパン「パン・オー・セレアル」として売られていますが、もっとも栄養価が高いのは全粒粉の「パン・コンプレ・オー・セレアル」。種実だけではなく、チョコレートやレーズン、オレンジピールなども、パンの味わいの可能性を豊かに広げてくれる、名脇役たちです。

バリエーション豊かな種子で飾られたパンは、見た目にも食欲をそそるもの。生地の中にたっぷりと入った種実は、ホックリした食感や風味をもたらし、ひと味異なるパンが楽しめます。

長い年月を経て蘇った古代小麦

　最近、パリのパン屋さんで見かけるようになったのが、昔ながらの穀物「グラン・アンスィヤン」を使ったパンです。紀元前7000年前に肥沃な三日月地帯ですでに栽培されていたと言われる、小麦最古の栽培型のひとつが、ヒトツブ小麦「プティ・テポートル（アングラン）」。古代種として最も馴染み深いのはスペルト小麦「グラン・テポートル」。イランのホラーサーン地域が原産地である、ホラーサーン小麦「ブレ・コラサン」は、商標である「カムート」とも呼ばれます。これらは長い間、一般的な小麦に取って替わられ、忘れられていたり、栽培地や収穫量が限られていた古代小麦です。品質改良など人の手が加えられていない、原種の状態のため、良質なタンパク質やビタミン類など、栄養素を豊富に含んでいるのが魅力。グルテンフリーではないのですが、通常の小麦のようにはパンは膨らまず、アレルギー反応も出にくいとも言われます。香り高く、ギュッと詰まった身はナッツの風味もあり、噛みしめるほどに味わいが増します。

ヒトツブ小麦を使った「パン・デポートル」。昔ながらのパンを売りにするパン屋さんにあります。

43 / Grigne
グリーニュ【gʁiɲ】

仕上がりに入れるパン職人のサイン

　町と田舎ではパンを焼く状況が異なった中世。町では窯を借りてパンを作る職人が現れますが、質や重さをコントロールするため、パンには店の印をつけることが義務づけられていました。田舎では領主所有の窯を共同で使うため、各家庭で作った生地に印をつけ、どの家のパンかが分かる必要があったのです。パンに印をつけるのは木製や鉄製のハンコのような型で、窯に入れる前に生地の表面に押すことで、焼き上がりにモチーフが現れました。その時代は膨らみの悪い平らなパンだったため、そんな印づけが可能だったのです。時代とともにパンに印をつけるシステムはなくなり、代わりにパンの表面に刃で切り目（クープ）をつける、「グリーニュ」という言葉が19世紀に文献上に現れます。発酵技術が改良され、柔らかい身のパンが作られるようになると、生地の膨らみを助けるためにも、焼き上がりの美しさからも、表面にクープを入れるようになります。美しく立ち上がったクープは、フランス人好みの香ばしい皮である象徴です。

1932年創業、昔ながらの手法でパンを作るパン屋さん「ポワラーヌ」。表面の「P」は品質保証でも。

44 / Griller

グリエ【gʁije】

パンの異なる美味しさを引き出す方法

　固くなったパンを食べる方法は、ブイヨンに浸して柔らかくするだけではありません。火を使って調理をしていた昔から、パンを焼く「グリエ」の習慣がありました。時代ごとに暖炉や薪ストーブなど、進化する調理方法に合わせて、パンを炙るための道具は存在しましたが、最も画期的な発明と言えばトースター「グリル・パン」でしょう。19世紀末にイギリスで発明された電気で加熱するトースターは改良を重ね、20世紀に一家に1台なくてはならない家電製品のひとつになりました。固くなったパンをトーストすると、乾燥していた身はふんわりと柔らかさが戻り、外側の皮はカリッと香ばしさが再生。焼き上がった時の褐色の色合いと漂う心地よい香りに、食欲をそそられます。トーストするのは固くなったパンとは限らず、パンの風味をひと味変えて楽しみたい時にももってこい。サンドイッチやカナッペ用のパンもトーストすれば、食感も味わいもガラリと変身します。焼くことで生まれるパンの異なる味わいを上手に活用したいものです。

パンは表面がこんがりと色づくまで、高温で焼くことが大切。中途半端な焼き方では美味しさは半減。
フランスでは縦型トースターが主流で、パンに具をのせて焼くときはオーブンを使います。

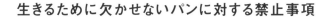

生きるために欠かせないパンに対する禁止事項

　大昔から貴重な食料であり、神聖なものとみなされてきたパン。パンの国フランスには、さまざまなパンにまつわる迷信が残っています。大切な主食であったパンは、無駄にしたり捨てたりすると、飢え死にすると言われていました。今でもパン屑でさえ、ゴミ箱に捨てずに鳥にあげる人が多いのも納得というもの。さらに一般的なのは、焼いた時に下になっていたパンの平らな面を上に向けて置いてはいけないということ。中世のパン屋さんでは、死刑執行人用のパンを区別するために、裏返しにして置いておいたことから、悪魔を引きつけて不幸になると言われています。パンにフォークやナイフを突き刺すような女性は、パンさえもきちんと扱えないとされ、決して家事上手にはならないだろうと言う意味合いから、幸せにならないとも。パンの身の真ん中に開いた穴は棺を意味し、近いうちに身内に不幸があることを予言する、などなど。これらの迷信を信じるかどうかは別として、食べ物を粗末にすると罰が当たるのは、どこの国でも同じです。

通常パンの平らな方を下にして置きますが、裏返しにすると不幸になるという迷信があるのです。

J

Jambon-beurre

ジャンボン・ブール【ʒɑ̃bɔ̃ bœʁ】

具はハムとバターだけで勝負する

　その名も「ジャンボン・ブール」と呼ばれるバゲットサンドの中身は、ハム「ジャンボン」とバター「ブール」だけ。シンプル極まりないこのサンドイッチの美味しさは、バゲット、ハム、バターの味に掛かっているというわけ。どれをとってもフランスの代表的な素材ながら、特にハムはシャンパーニュ地方のアルデンヌ、オクシタニー地域のアヴェロン、オーヴェルニュ地方、コルシカ島など、各地に名高い産地があります。種類も蒸したハム「ジャンボン・ブラン」、熟成した生ハム「ジャンボン・クリュ」、燻製した生ハム「ジャンボン・フュメ」とさまざま。ジャンボン・ブールは別名「パリジャン」とも呼ばれ、実はパリ名産のハム「ジャンボン・ドゥ・パリ」もあるのです。骨を取り除いた豚もも肉の塊を塩、ブイヨンに浸して形を整え、加熱して作るハムのこと。パリ生まれのバゲットにこのハムを挟んだサンドイッチは、今でもパリのカフェの定番メニューです。お好みでピクルスの酸味をプラスして召し上がれ！

ハムの美味しさに掛かっているのならば、ハム専門店で買うのが一番。パリ3区にある「キャラクテール・ドゥ・コション」では、選んだ好みのハムで「ジャンボン・ブール」を作ってくれます。

47 / **Kebab**

ケバブ【kebab】

トルコ風？ギリシャ風？のサンドイッチ

　パリ以外の地方でも至る所で店が見られ、フランスの国民食ともなりつつある「ケバブ」。中世にオスマン帝国の兵士が剣を使って肉を炙ったことに始まり、19世紀のトルコで串刺しにした肉の塊を垂直に回転させながら焼く料理、ケバブが生まれました。1970年代にドイツのベルリンで、トルコ人の移民がグリルした肉をパンに挟んで売ったことから、ケバブはサンドイッチになったのです。実はギリシャにも、グリルした肉と生野菜をピタパンで挟んだ「ギロス」と呼ばれるサンドイッチがあります。ベルリンにてケバブサンドイッチが登場した頃、パリ5区のカルチェラタンにあるギリシャレストランでもギロスがお目見え。このサンドイッチは「ギリシャ風」として一躍パリで人気になりました。その後、ベルリンから「トルコ風」サンドイッチが入ってきたため、パリではケバブを「ギリシャ風」とも「トルコ風」とも呼ぶのです。どちらにしてもケバブは、安価なファーストフードとしてフランスで親しまれています。

豚、鶏、子牛、羊などのミックス肉をグリルしてそぎ切りにし、ピタパンやバゲットに挟みます。

48 / Kouglof
クグロフ 【kuglɔf】

過去の偉人たちをも魅了したブリオッシュ

　東欧にも同じようなお菓子がありますが、フランスではアルザス地方の名産で、「kougelhopf」と表記されることも。外側に溝のついた王冠状の型で焼かれる形が特徴的で、現在でもアルザスにあるスフレンハイムの村では陶器製のクグロフ型を作り続けています。発祥に関しては諸説あり、「東方の三博士」がアルザス地方を訪れた際、彼らのターバンをモチーフにした形に作られたとか。または「ババ・オ・ラム」の考案者とされる、元ポーランド王のスタニスワフがロレーヌ地方にもたらしたとも。オーストリアからフランス国王に嫁いだマリー・アントワネットの大好物で、彼女の朝食には欠かせないものだったとも言われます。ブリオッシュ風生地に、キルシュに浸したレーズンを混ぜ込み、アーモンドを散らしたバターたっぷりのお菓子。ベーコンやクルミを混ぜた塩味もあり、こちらはアペロにもってこい。祝祭の際に食した贅沢なクグロフを味わいつつ、同じお菓子に魅了された歴代の偉人たちに思いを馳せてはいかが？

アルザス地方では「ブレッツェル」と並んで代表的なお菓子のひとつで、専門店もある「クグロフ」。
同じくアルザス地方の名産であるサクランボの蒸留酒、「キルシュ」が程よく香ります。

49 / **Kouign-amann**

クイニ・アマン【kwinjaman】

ブルターニュ地方らしい塩バターたっぷりの菓子パン

　ブルターニュ地方のドゥアルヌネの町で、1860年頃に生まれた「クイニ・アマン」。ブルトン語で「クイン」はブリオッシュまたはお菓子、「アマン」はバターを意味する、バターがたっぷり入った菓子パンのことです。その町のパン職人、イヴ=ルネ・スコルディアが、予想以上に客が多くて店の商品が足りなかったある日、急遽作った偶然の産物だとか。その時代、小麦粉が不足していてバターが豊富にあった状況から、小麦粉400g、バター300g、砂糖300gの独特の配合を生み出したと言われます。パン生地にバターと砂糖を折り込んで作られるため、焼き上がると外側はキャラメル状に固まり、内側は柔らかいパイ生地のような層に仕上がります。一般的にブルターニュ名産の塩入りバター「ブール・ドゥミ・セル」を使うため、甘さの中に塩味も感じられるブルターニュらしい味わいです。温かいままでも冷めても美味しいのですが、生地が固くならないうちに早めに食べるのが一番。リンゴの発泡酒、「シードル」との相性も抜群です。

世界中で見られる「クイニ・アマン」はパン職人や菓子職人たちが腕を競って作っています。

$\mathcal{M}$

50 / Madeleine

マドレーヌ 【madlɛn】

プルーストのマドレーヌは実はトーストだった！

　この焼き菓子の起源は諸説あり、中世にサンティアゴ・デ・コンポステーラへの巡礼者に、ホタテ貝の殻で焼いたブリオッシュを配ったからだとか。または現在もマドレーヌを名産とするロレーヌ地方のコメルシーで 18 世紀、ロレーヌ公スタニスワフのために、女中が祖母から教わったお菓子を作ったのが始まりとも。どの説にしても作った女性の名が「マドレーヌ」だったことが、名前の由来です。その後、お菓子を一気に広めたのは 20 世紀を代表するフランスの小説家、マルセル・プルースト。代表作の『失われた時を求めて』では、紅茶に浸したマドレーヌの欠片を口にした途端、子供の頃の記憶が蘇る場面が有名です。そこから味覚や臭覚によって過去が想起される現象を「プルースト効果」と呼び、それを引き起こすものを尋ねる時に使われる「あなたのマドレーヌは？」のフレーズにもなります。実は草稿では、紅茶に浸すのは「トーストしたパン」でした。となると、実際の「プルーストのマドレーヌ」は「トースト」だったということ？

パリのお菓子屋さん「ブレ・スュクレ」の名高いマドレーヌは、グラッサージュでひと味プラス。

51 / Marché
マルシェ【maʁʃe】

パンを作って運んで来る市場のパン屋さん

　職人によって作られたパンを売るのは、パン屋さんだけではありません。フランスのイメージのひとつである活気のある市場「マルシェ」でも、美味しいパンが買えるのです。長い歴史のあるパリの市場ですが、露店のパン屋さんの最盛期は中世。16世紀、パリの外から穀物を仕入れることは禁止されており、パンの値段、製造する量も厳しく規制されていました。さらに小麦粉を保存することも、輸送することも難しかった時代でも。したがってパリ近郊で栽培した小麦を小麦粉に加工し、製造したパンをパリに持ち込んで市場で売る、農家のパン屋さんが増えたのです。中でも有名だったのはパリ中心から北東へ約16kmのところにある村、「ゴネス」のパン。村周辺で収穫された小麦を水車で挽いて粉にし、作られたパンは他のものよりも身が白く、味に定評があったと言います。残念ながら18世紀の間にその数は数えられるほどに。現在でもパリの市場にはパンを焼いて運んで来る、露店のパン屋さんの姿が見つかります。

その昔は大きなパンのみ売ることが許可されていた市場のパン屋さん。現在ではパンの種類も豊富。

Marques de pain

マルク・ドゥ・パン【maʁk də pɛ̃】

美味しさを保証するバゲットの商標

　パンの国を誇るフランスといえども、戦後、パンの質は低下する一方でした。消費者の白いパンへの嗜好に加え、工業化により短時間の製造で量産できる劣化なパンが多く出回るようになります。スーパーで安価なパンが販売され、対抗して機械化した職人によるパンの質も低下。パン屋さんの数も減少していく事態をも招いたのです。1980年、そんな状況を危惧した40もの製粉所が結束し、美味しいバゲットを作るための小麦粉を開発して提供する、独自の商標の「バネット」を作り出します。その後、「バゲピ」、「コパリーヌ」、「フェスティバル・デ・パン」など、さまざまな製粉所による多種の商標が誕生。パン職人の育成から衛生面、マーケティングへのアドバイスなど、個人経営のパン屋さんの援助ともなりました。商標は看板やバゲット用の紙袋に明記され、信頼できる製粉所からの小麦粉を使用し、昔ながらの製法で作られたバゲットであることを保証しています。お気に入りのバゲットを見つけたら、ぜひ商標もチェックしてね。

フランスではさまざまな商標で売られているバゲット。店頭の看板やバゲット用紙袋に明記が。

53 / Miette
ミエット【mjɛt】

パン屑を最後のひと粒まで無駄なく食べきる方法

　フランスのパンならではのカリッとした表皮のパンは、切る時や食べる時にたくさんのパン屑「ミエット」が落ちるのが難点です。そんな厄介なパン屑を集めるための道具がいろいろとあります。隙間が空いているまな板の上でパンを切ると、パン屑が下のトレーに落ちるパン切り用まな板や、テーブルの上に落ちたパン屑を集めるための小さな塵取りなど。でもよく考えるとパン屑は名前を変えれば「パン粉」にもなるわけで、パン屋さんではパンをスライスする時に大量に出るパン屑をパン粉にして売っているところもあるようです。まさにパンを最後のひと粒まで使いきる方法というもの。ゴミ箱に捨てられないパン屑は、外にばらまいて小鳥にあげる人も多いよう。しかし、近年は鳥にパン屑をあげるとお腹の中で膨れて他のものが食べられなくなり、栄養的にも問題があると言われています。それならば、パン屑はいろんな場所に少しずつ置いてはいかがでしょう。例えば、家路への目印としたヘンゼルとグレーテルのようにね。

フランスで一般的に使われているパン切り用のまな板。パン屑が飛び散らずに済みます。

54 / Moulin à vent

ムーラン・ア・ヴァン【 mulɛ̃ a vɑ̃ 】

モンマルトルの丘に残る元製粉用の風車

　頂のサクレ・クール寺院がひと際目立つ、モンマルトルの丘。丘という名の通り、標高128m
のパリの町を一望できる高台には、17～18世紀に風車が並んでいました。一番古いもので
1591年に建設され、最盛期には約15台もあった風車は、パン用の小麦を挽く以外に、ワイン用
にブドウを搾ったり、手工業用の原料を砕くのにも使われました。その中で1622年に建設され
た「ブリュト・ファン」と、1717年の「ラデ」が現在でも残っています。1809年に2つの風
車は同じ所有者のものになり、1834年より風車で挽いたライ麦粉のガレットとモンマルトル産
のワインを出す、ダンスホール「ムーラン・ドゥ・ラ・ガレット」に。当時、パリの城壁外にあ
ったモンマルトルの丘は、田舎を楽しみに来るパリジャンたちで大盛況だったのです。その様子
はルノワールやゴッホ、ロートレックなどの絵によっても見ることが可能。1915年にアソシエ
ーションによって取り壊しを免れた2つの風車は、牧歌的な時代の面影をパリに残しています。

元は修道院所有でホスチア用の小麦粉を挽いていたという風車「ブリュト・ファン」（右）。風車
「ラデ」（左）は修理されて作動可能。現在はレストラン「ムーラン・ドゥ・ラ・ガレット」の上に。

55 / Œuf à la coque

ウフ・ア・ラ・コック【œf a la kɔk】

パンの新しい使い方はスプーン代わり！

　卵を殻つきで調理する半熟卵が「ウフ・ア・ラ・コック」。常温で置いておいた生卵を熱湯で３分ゆでて、白身は固まり始め、黄身がとろりと流れ出るくらいの状態で取り出します。卵をのせるための「コクティエ」と呼ばれる脚付きの器で出されるのが一般的。ギリシャのクレタ島にある紀元前2000年頃に栄えたクノッソス遺跡で、この「コクティエ」が出土されたというくらい、大昔からある食べ方なのです。半熟卵用の小さなスプーンもありますが、殻の中に入ったままの卵をすくうのは、食パンや「パン・ドゥ・カンパーニュ」を細長く切った「ムイエット」と呼ばれる棒を使います。好みでトーストしてバターを塗ったパンの棒を手で持ち、殻の上部を切り取った穴に差し込んで卵の中でぐるりと回転させ、白身と黄身をすくって食べるというもの。白身が程よく混ざり合った濃厚な黄身が、パンの甘みとともに楽しめるのです。パンを浸して食べる「トロンペ」と同じ手法ながら、パンはここではスプーン代わりにもなっているというわけ。

殻の中の半熟卵をパンの棒ですくって食べるのは、卵かけごはんに匹敵する、シンプルながら究極の美味しさ！　パンをトーストしたり、バターを塗って食べると、さらに味わい深いです。

56 / Oranais

オラネ【ɔʁanɛ】

オレンジ色が目を引くアプリコット入りパン

　その名前は、発祥地とされるアルジェリアのオランの町の名から。フランスの植民地だった時代に、フランス人によってもたらされたカスタードクリームと、アルジェリアで栽培されるアプリコットを組み合わせて作られた、ヴィエノワズリーです。1962年にアルジェリアから帰国した植民者によってフランスにもたらされ、フランスのパン屋さんで見かける定番の菓子パンになりました。四角形のブリオッシュ風生地または折り込み発酵生地に、カスタードクリームと半分に切って種を取ったアプリコットをのせ、向かい合った角を中央で合わせた形が一般的ながら、場所によって呼び名が異なります。ブルターニュ地方では「クロワッサン・オー・ザブリコ」、南仏では「アブリコティーヌ」。さらに2つのアプリコットが対になった形から、アプリコットの眼鏡「リュネット・オー・ザブリコ」と呼ばれることもあります。大粒のアプリコットのフレッシュ感と甘酸っぱい味わいが、カスタードクリームとマッチし、どこか懐かしい味わいです。

パン屋さんにある昔ながらのヴィエノワズリーながら、パリではあまり見かけなくなっています。

57 / Pain au chocolat

パン・オ・ショコラ【pɛ̃ o ʃɔkɔla】

クロワッサンのバター風味の層にチョコレートが絶妙に混ざり合う、ヴィエノワズリーの花形。

「パン・オ・ショコラ」派？「ショコラティーヌ」派？

フランスでは、同じものでも地方によって呼び名が異なる場合が多くあります。「パン・オ・ショコラ」もそのひとつで、ボルドーやトゥールーズ周辺の地域では「ショコラティーヌ」と呼ぶとか。フランスを北東と南西に二分するためか、この菓子パンをどう呼ぶかで、いまだに熱い戦いが繰り広げられているのです。このヴィエノワズリーの発祥は、1839年に他のウィーン風パンとともにオーギュスト・ザングによってもたらされたと言われます。当時は「パン・ヴィエノワ」風生地のクロワッサンにチョコレートを挟んだもので、ドイツ語の「ショコラーデンクロワッサン」という名前が、フランスでショコラティーヌに変化したのだとか。または子供たちのおやつとして親しまれてきた、板チョコを挟んだパンのパン・オ・ショコラが由来だとも。折り込み発酵生地にチョコバーを2本巻き込んで作る、現在のスタイルになったのは近年のよう。呼び名が論争になるほど、フランス人に愛されている菓子パンであることは間違いないでしょう。

58 / Pain au lait

パン・オ・レ【pɛ̃ o lɛ】

表面をハサミで切り込みを入れて模様をつけた「パン・オ・レ」。今でも小さなサイズが一般的。

元は贅沢品だったミルク風味の小さなパン

　　1665年、パリのパン職人が、ビールの泡またはビール酵母をパン生地に混ぜることにより、より軽い食感で繊細な味わいのパンを作るようになります。その後、牛乳やバター、塩を加えて味の改良をした小さなパン「プティ・パン」が生まれていくことに。こうして17〜18世紀、さまざまな形や名前を持つ、高級なプティ・パンがパリで大流行。個数単位で売られる小さなパンは、量り売りの大きなパンのカテゴリーに入らないため、税金が掛からない利点もあったのです。ただし、表面が「パン・ヴィエノワ」のような黄金色になるのは、スチームで焼く「ウィーン風オーブン」が導入される19世紀中旬を待たなくてはいけません。そんな昔からあった牛乳を混ぜた生地で作る、ミルク風味のパン「パン・オ・レ」。パン・ヴィエノワと似たような材料ですが、パン・オ・レの方が使う牛乳の分量が多いのが基本です。現在では代表的なヴィエノワズリーのひとつとして、ミルク風味の優しい味わいは朝食やおやつに親しまれています。

パリでも「パン・オー・ルザン」が一般的ですが、パン屋さんによっては「エスカルゴ」とも。

レーズンが入ったエスカルゴ形のパン

　一般的に折り込み発酵生地で、カスタードクリームとレーズンを巻いて輪切りにし、スパイラルになった断面を見せて焼いた菓子パンが「パン・オー・ルザン」。その名の通り、「レーズン入りパン」のことながら、同じような形をしていても、フランスの地方や隣国では名前が変わります。ロレーヌ地方やスイスでは「エスカルゴ（かたつむり）」、アルザス地方やドイツ語圏では「シュネーク（エスカルゴの意味）」と呼ばれ、ブリオッシュ生地で作る地域もあります。特にアルザス地方では、エスカルゴ状にしたブリオッシュ生地を並べて、丸いケーキにした「シュネコンクシェン（エスカルゴのケーキ）」も存在。フランスにこのお菓子を最初にもたらした商人が名前をうまく発音できなかったため、「何にしても私にとってはチンプンカンプンだ（セ・デュ・シノワ）」と答えたことから、他の地方では「シノワ（中国風）」と呼ばれるようになったとか！　名前はさておき、さまざまな地域で人気がある菓子パンです。

60 / **Pain azyme**

パン・アズィム【pɛ̃ azim】

発酵しない「パン・アズィム」はバリバリの食感。アペリティフにクラッカーのように楽しみます。

膨らまないように酵母を入れないパン

　一般的なパンの定義は、小麦粉、酵母、塩、水を混ぜて発酵させた生地を焼いたもの。しかし、世の中には発酵させないパンもあるのです。「種なしパン」を意味する古代ギリシャ語が語源の「パン・アズィム」。パン種もイーストも加えずに、小麦粉と水だけで作られる平らなパンのこと。ユダヤ教では過越祭で「マッツァー」と呼ばれる種なしパンを食べますが、その作り方は生地が膨らまないように18分以上焼いてはいけないなど、厳格に定められています。イスラエル人がエジプトを脱出する際、パンを発酵させる時間がなかったためにマッツァーが誕生したという、『出エジプト記』を記憶させるためだとか。カトリック教会でも種なしパンは「ホスチア」と呼ばれ、ミサの際に信者に配られる神聖なもの。最後の晩餐でイエスがパンを分け合ったことに由来し、イエスの聖体とみなされるためです。聖書では罪の象徴とされている酵母。うまく作用すれば発酵となり、下手すれば腐敗ともなる微生物は、上手に付き合うことが大切なよう。

61 / Pain biologique

パン・ビヨロジック【pɛ̃ bjɔlɔʒik】

フランスで認証されたオーガニック食品は「AB（アグリキュルテュール・ビヨロジック）」マーク
が目印。「パン・ビヨ」のみを扱うオーガニック専門のパン屋さんもあります。

日常生活に溶け込んだオーガニックのパン

　オーガニックのパンはフランス語で「パン・ビヨロジック」、略して「パン・ビヨ」とも言い
ます。材料の95％はビヨ認証されたものを使うことを基本とし、他にも多くの規定があります。
塩は無添加でなくてはならず、大抵使われるのは精製されていない海塩。飲料できる水道水は許
可されていますが、年に１回の検査時に水質を分析した書類を提出しなくてはいけません。イー
ストは遺伝子組み換えのない素材を原料とし、ベーキングパウダーは使用不可。パン種もオーガ
ニックの小麦粉に由来するものに限ります。その他、保管状況や製造過程においてもさまざまな
規則に基づいて作られたパンのみが、オーガニックを名乗れるのです。ただし、パンを作る手法
には規定がないため、昔ながらでも近代的な方法でも問題なし。検査をクリアすれば工場で作ら
れたものでも、オーガニックのパンを名乗ることができるのです。オーガニック食品専門のスー
パーもあるフランス。手軽に見つかるオーガニックのパンは日常的に親しまれています。

Pain coloré

パン・コロレ【pɛ̃ kɔlɔʁe】

多彩な素材を使って新しい味わいのパンを作り出すのは、パリ11区にあるパン屋さん「ユトピー」。

野菜やスパイスを使ったカラフルなパン

　近年、パリのパン屋さんで見かけるようになった真っ黒なパン。木や竹、ヤシの実などの植物を高温処理して作られる活性炭を、生地に加えることで炭のように黒いパンが出来上がるのです。体内の不純物を取り除き、整腸作用もあると言われる活性炭ながら、パンとともに食べてもその効果は期待できないよう。それでも焦げた味はなく、独特の風味をもたらす活性炭を使ったバゲットやパンは、今ではすっかりお馴染みになりました。さらにカレー粉やパプリカ、抹茶、煎茶、トマト、紫芋など、多彩な素材を生地に混ぜ込むことで、カラフルなパン「パン・コロレ」を作り出すパン屋さんも現れました。色だけでなく、野菜やフルーツの塊を残して生地に加えたり、米を圧力で膨らませたポン菓子やポップコーンを食感のアクセントにしたり、パンのバリエーションは増える一方。シンプルな材料だけでできるからこそ、多種の素材との組み合わせが可能でもあるパン。長い歴史の中で変化してきたその味わいは、今後も進化し続けることでしょう。

63 / **Pain complet**

パン・コンプレ【pɛ̃ kɔ̃plɛ】

全粒粉で作られた「パン・コンプレ」は褐色の身が特徴的で、酸味のある深い味わいです。

褐色の身は栄養価が高い証拠

　完全なパンという意味の「パン・コンプレ」は全粒粉パンのこと。フランスの小麦粉は、高温で焼いた時に残る灰分（ミネラル）の含有率によって等級が分かれており、表記は「T＋数字」。例えば灰分含有率が100gにつき、約0.50％までの小麦粉はT45となります。お菓子作りにはT45、白いパンやタルトにはT55、「パン・ドゥ・カンパーニュ」にはT65。半粒粉の「セミ・コンプレ」はT80、全粒粉の「コンプレ」はT110、完全粉の「アンテグラル」はT150。したがって数字が大きいほど、ミネラル分が多く、栄養価が高いと言うわけ。小麦の表皮や胚芽を含んだ全粒粉は、精製小麦粉よりも食物繊維やビタミンB、ミネラルを豊富に含んでいます。ただし、表皮を含む全粒粉パンを選ぶのならば、残留農薬の心配がないオーガニックのものを選んだ方が安全だとか。ふすま入りの褐色がかったパンは敬遠され、白い身のパンが良しとされた時代があったフランス。健康志向の現在では全粒粉のパンが推奨されています。

Pain d'épices

パン・デピス【pɛ̃ depis】

ハチミツの風味豊かな甘さと、多種のスパイスが混ざり合った濃厚な味わいの「パン・デピス」。

スパイスとハチミツが香る古くから伝わるお菓子

　10世紀に中国で作られていた、小麦粉とハチミツを混ぜて作る「ミ・コン」が原形で、十字軍によってヨーロッパに伝わる間にスパイスを混ぜるようになったと言われる、スパイスのパン「パン・デピス」。フランスではアルザス地方、シャンパーニュ地方のランス、ブルゴーニュ地方のディジョンが昔ながらの産地として有名です。各地方でレシピに違いがあり、ランスではライ麦粉にアカシアのハチミツ、ディジョンでは精製小麦粉にアカシアのハチミツ、アルザス地方でもパン・デピスの町として知られる「ゲルトヴィレール」では精製小麦粉に栗のハチミツを使います。この混ぜ合わせた生地は数週間寝かして発酵させる場合もあり、独自の味わいに仕上げる秘訣でも。その後、混ぜ込むスパイスは、シナモン、アニス、クローブ、ジンジャー、ナツメグなど、調合も地方によって異なります。　型に入れて焼いたケーキ状が主ですが、アルザスでは聖ニコラウスの日に贈ったり、クリスマス市を彩る様々な形のクッキー状のものも見られます。

65 / Pain de campagne

パン・ドゥ・カンパーニュ【pɛ̃ də kɑ̃paɲ】

ライ麦粉やふすま入りの小麦粉を混ぜて、灰褐色がかった身の「パン・ドゥ・カンパーニュ」。

パリジャンが憧れた田舎風の味わい

　1960年頃、パン作りの技術が進歩するとともに、パリのバゲットはより短時間ででき、より白い身の味気のないものになっていきます。それと引き換えに現れたのが、田舎のパン「パン・ドゥ・カンパーニュ」。しかし、都会人が思い浮かべる「田舎風」というわけで、実際には農家で作られていた昔ながらのパンとは異なるよう。店によって配合や味わいが異なりますが、基本的にはふすま入りの小麦粉やライ麦粉を混ぜて作られる、灰褐色がかった身が特徴。伝統的な「パン・ドゥ・カンパーニュ・トラディスィヨネル」を名乗るならば、小麦粉に対してライ麦粉を10%以上加えた生地でなくてはいけません。褐色がかった厚みのある皮に覆われた楕円形か丸形の大きめのサイズで、保存がきくのもバゲットとは異なる点。パン種を使って作られるため、酸味のある味わいが魅力で、肉でも魚介でもさまざまな料理に合う懐の深さです。現在では細長い形の「バゲット・ドゥ・カンパーニュ」も見られ、洗練された田舎風の味わいが楽しめます。

Pain de châtaigne

パン・ドゥ・シャテーニュ［pɛ̃ də ʃatɛɲ］

グルテンフリーで食物繊維やミネラルが豊富な栗粉で作るパンは褐色の皮と身の凝縮した味わい。

栗粉を使った香り高いヘルシーなパン

　栗の産地で名高いのは、フランスの南端にあるコルシカ島。AOP（保護原産地呼称）のコルシカ産栗粉は、昔ながらの手法で現在も作られています。収穫した栗を約1カ月間、栗の薪でいぶして乾燥させ、二重の皮を取り除きます。人の手でひと粒ずつ選別したら、さらに24時間薪窯に入れて乾燥させ、水分を飛ばして香りづけ。最後に石臼で挽いて粉に仕上げるという、約4カ月は掛かる作業なのです。昔からコルシカ島の住人たちの食事に欠かせないのが、栗粉で作ったパンの「プレンダ」。「ブイイ」の栗粉バージョンで、イタリアのコーンミールで作る「ポレンタ」とも似ています。コルシカ島では「パンの木」とも呼ぶ、まさに小麦代わりの役割を担ってきた栗の木。グルテンを含まないため、パリの健康志向のパン屋さんでも栗粉で作ったパンを見かけるようになりました。店によって小麦粉との配合はさまざまですが、「パン・ドゥ・シャテーヌ」は、独特の甘みと香りを持つ素朴な味わいで、保存がきくのもうれしいところです。

67 / Pain de Dieppe

パン・ドゥ・ディエップ【pɛ̃ də djɛp】

2019年のバゲットコンクールで一等になった12区のパン屋さん「ルロワ・モンティ」で見つかります。

ブリオッシュ風の外見に食パンのような身

　ノルマンディー地方のディエップの町で、1958年にパン職人のジャック・デュヴァルによって作り出された「パン・ドゥ・ディエップ」。または職人の名から「パン・ドゥ・デュヴァル」とも呼ばれています。作られた当時のコンセプトは「固くならないパン」だったとか。小麦粉、イースト、砂糖、バターを混ぜ合わせた生地に、すでに発酵させた中種を加えて形成し、20〜30分ほど時間をかけて焼成するため、1週間は美味しさが持つとのこと。放射状にクープを入れ、独特の模様で飾られた丸い形は、黄金色に輝く薄い皮で覆われています。使うバターが少なめなので、ブリオッシュよりも食パンに近い、キメの細かく柔らかな白い身が中から出てきます。ジャムを塗って甘系で食べたり、通常の食パンのようにサンドイッチやクロック・ムッシューなどにして、塩系でもOK。ただし、手間暇掛かるパンだからなのか、パリは元よりノルマンディーでも、残念ながらあまり見る機会がありません。運よく見かけたら、ぜひお試しあれ！

68 / Pain de mie

パン・ドゥ・ミー【pɛ̃ də mi】

もちろんパン屋さんでも美味しい食パンが手に入りますが、他のパンよりも食べ方が限られるよう。

柔らかい身がメインの四角いパン

　フランス語で「ミー」はパンの身（クラム）のことで、身が主である食パンは「パン・ドゥ・ミー」。1600年にイタリアからフランス王家に嫁いだ、カトリーヌ・ドゥ・メディシス。そのパン職人が塩、ビール酵母を加えて作った「パン・ア・ラ・レーヌ」は、スポンジのような白い身で、宮廷で大人気に。1665年、パリのパン職人がそのパンを元に柔らかいパンを売り出し、牛乳やバターを加えてさらに改良。18世紀を通して製粉と発酵技術が向上し、パンの身はより白く柔らかくなっていきます。19世紀頭にイギリスで生まれた、茹でて潰したジャガイモ、小麦粉、ビール酵母を混ぜて型で焼いた白いパンは、フランスでも大好評。サンドイッチが流行するに伴い、イギリスでは四角い食パンはさらに改良されていきます。それに対してフランスは柔らかい身を好んだとしても、香ばしい皮も必要なため、サンドイッチはバゲットで作るお国柄。また食事のお供にならない食パンは発展せず、工業製をスーパーで買うイメージが強いです。

酸味のあるライ麦パンは生牡蠣のお供にぴったり。パンにバターを塗って食べると、さらに美味。

フランスで生牡蠣のお供と言えばライ麦パン

　フランス語で「セーグル」とはライ麦のこと。しかし、ひと言でライ麦パンと言っても、フランス語の微妙な違いで配合が異なります。ライ麦入りパン「パン・オ・セーグル」は、ライ麦粉を10〜35％含むパンのこと。小麦粉とライ麦粉を同量の割合で混ぜ合わせたものは、「パン・ドゥ・メテイユ」とも呼ばれます。ライ麦のパン「パン・ドゥ・セーグル」を名乗るには、ライ麦粉を少なくとも65％含まなくてはいけません。しかし、ライ麦粉は小麦粉と異なり、パンの膨らみを助けるグルテンを含まないため、ライ麦の割合が多いほど通常よりも平らなパンに仕上がります。その代わり褐色の身は密度が高く、弾力の少ない崩れやすい食感で、酸味のある味わい。生牡蠣好きな国民であるフランス人は、このライ麦パンを牡蠣のお供にするのがお決まり。バターを塗って一緒に食べることで、ビネガーやレモンをかけた爽やかな味の生牡蠣に、コクを与える役割もあるのです。サーモンやイワシなど、他の魚介類にも合う、素朴な風味が魅力です。

Pain intégral

パン・アンテグラル【pɛ̃ ɛ̃tegʁal】

フランスの小麦粉の等級で見ると、完全粉はもっともミネラル分の含有量が高い「T150」です。

全粒粉のさらに上を行く完全粉のパン

　近年、パリのパン屋さんで見かけるようになった、フランス語で「完全なパン」という意味の「パン・アンテグラル」。全粒粉の「パン・コンプレ」も完全なパンなのではないかと思うのですが、アンテグラルはより上を行く、完全粉を使ったパンなのです。全粒粉は表皮や胚芽が含まれてはいるのですが、精製してふるいにかけてから再度混ぜ合わせている状態なので、完全にすべてが含まれているわけではないのです。完全粉とはふるいにはかけずに小麦を丸ごと挽いているため、元の配合のまま栄養素が含まれているというもの。味わってみると違いがよく分かるのですが、全粒粉パンは凝縮したコンパクトな身ながら、口当たりはまだ柔らか。完全粉パンは粒々が見えそうなくらいぽそぽそした身で、小麦粉の味がより前面に出ています。その昔は、このぽそぽそ感を改良しようと、精白技術が発展したのでしょうが、白くて柔らかいパンに慣れてしまった現代人にはまさに新鮮な味わい。全粒粉以上に栄養価が高いことは言わずもがなです。

71 / Pain noir

パン・ノワール【pɛ̃ nwaʁ】

小麦粉と混ぜ合わせないとパンを作れないソバ粉は、名産地のブルターニュでも「ガレット」にするのが主。ソバ粉の割合が多いほど、ほろりと崩れやすく凝縮した味わいのパンが楽しめます。

黒い小麦粉で作る黒いパン

　黒パン「パン・ノワール」と言うと、ライ麦パンを指すこともありますが、ソバ粉のパンのことでもあります。なぜならば、その昔、ソバの実はその暗い色から、黒い小麦「ブレ・ノワール」と呼ばれていたため、ソバ粉のパンは「パン・ドゥ・ブレ・ノワール」でした。ライ麦粉同様に、ソバ粉もグルテンを含まないため、小麦粉と混ぜて使われます。ソバ粉のパン「パン・ドゥ・サラザン」は60％以上、ソバ粉を含まなくてはいけません。ソバ粉の割合が10～40％の場合は、ソバ粉入りパン「パン・オ・サラザン」となります。しかし、フランスではブルターニュ地方を主に、ソバ粉を使うのはパンよりも「ガレット」が一般的でした。近年の健康志向でソバ粉の栄養価が見直され、パリのパン屋さんでもソバ粉のパンを見かけるように。外側の濃い褐色の皮は、まさに黒パンのイメージですが、中からはギュッと風味が凝縮したグレーがかった身が出てきます。ブルターニュ地方名産の粗塩入りバター「ブール・サレ」との相性は抜群です。

Pain perdu

パン・ペルデュ【pɛ̃ pɛʁdy】

パリのカフェやサロン・ド・テで出される「パン・ペルデュ」は、フルーツやメープルシロップ、ホイップクリームなどが添えられ、見た目にも華やか。ブリオッシュを使うところが多いです。

固くなったパンで作るフレンチトースト

　フランス語で「ダメになったパン」という意味の「パン・ペルデュ」は、その名の通り、固くなって食べられなくなったパンを使った料理のこと。日本では「フレンチトースト」として食パンで作るものが知られていますが、フランスで使うパンはバゲットまたはブリオッシュ。一般的に2種類の作り方があり、卵と牛乳、砂糖を混ぜ合わせた液体にパンを浸すパターンと、最初にパンを牛乳に浸し、次に砂糖を混ぜた卵にくぐらせるパターンがあります。どちらにしても、その後はフライパンにバターを熱して両面をこんがりと焼くのがお決まり。北部のノール県ではサトウキビのブラウンシュガー「カソナード」、ロワール地方のアンジェではオレンジピールのリキュール「トリプルセック」、ノルマンディー地方ではリンゴのリキュール「ポモー」でフランベし、リンゴのジャムを添えるなど、その地の名産で風味づけしたパン・ペルデュが見られます。外側を焼き固めたパンの内側はカスタードのような味わいで、まさに固いパンが大変身です。

73 / **Palmier**

パルミエ【palmje】

可愛らしい「パルミエ」は、サクサクの美味しいパイ生地であるほど、屑が落ちやすい難点が。

小腹が空いたときに、サクッとつまめるパイ

　パン屋さんで見かける定番のヴィエノワズリーのひとつが「パルミエ」。元々はフランスの心「クール・ドゥ・フランス」と呼ばれていたと言うのは、そのハートの形から納得ながら、時代とともにプロイセンという意味の「プリュシアン」となり、そして現在の「ヤシの木」という意味の名前になります。ナポレオンがエジプト遠征から帰還した頃に名付けられたとのことで、凱旋を記念してヤシの葉をモチーフにした異国情緒あるパルミエになったのだとか。フランスがこのお菓子の発祥地であるようですが、ドイツやアメリカでは「豚の耳」の名でも呼ばれているよう。国が変われば見た目の印象も変わるというものです。折り込みパイ生地をハート形になるように両側から丸めて約1cm幅に切り、砂糖を振りかけて焼きます。キャラメル化した外側の香ばしさと内側のパイ生地のサクサク感で、食感の楽しいお菓子に。大きさはさまざまで、巨大なサイズで売っている店もあります。紅茶やコーヒーをお供にしてブレイクタイムにいかが？

パリで「パン・バニャ」を食べられる地中海料理店「バニャール」。半粒粉パンで食べ応え満点。

固くなったパンをサンドイッチでリサイクル

　オック語のひとつであり、ニースで話されるニサール語で「湿らせたパン」を意味する「パン・バニャ」。固くなったパンに水をかけ、さらに塩を振ったトマトを中に挟むことで、出て来る果汁によってパンを柔らかくして食べたという、「貧民の食事」とも呼ばれたパンの再生法だったのです。今や発祥地のニースでもパンに挟む具はさまざまになり、元祖パン・バニャを保護する目的で1991年にアソシエーションもできるほど。その保護団体が提示する本物のパン・バニャの材料は、にんにくを擦り込んだ丸いパンに、トマト、ラディッシュ、セベット（分葱）もしくは玉ねぎ、グリーンパプリカ、ツナまたはアンチョビ、ゆで卵、黒オリーブ、バジル、オリーブ油、塩、こしょう。ニース風サラダに似た材料だけれども、パン・バニャにはあくまでもサラダは加えてはいけないのだそう。本来はニース産の素材を使うのが大前提ながら、パンに多彩な野菜を挟み、オリーブ油をたっぷり浸みこませるのが、ニース風なのです！

75 / Pâté en croûte

パテ・アン・クルート【pɑte ã kʁut】

パリには「パテ・アン・クルート」の専門店がいくつかあります。ピクルスを添えるのが定番。

まるでパンのように皮で包まれたパテ

　見た目の通り「皮に包まれたパテ」という名の中世からあるフランス伝統料理のひとつで、本場リヨンでは「パテ・クルート」とも呼ばれます。生地で外側に皮を作ることで、中身のファルスの調理法になるとともに、冷蔵庫がなかった当時、長期保存ができ、持ち運ぶことも可能にしたのです。したがって当初は、外側の厚い皮は食べる時に取り除かれる運命でした。時代とともに外側の皮もパテと一緒に食べられるように改良されていきます。しかし、調理に最低3日は掛かる高価なものであるため、劣化な工業製品が安価に出回るようになると、かつての王侯貴族の食べ物は敬遠されるように。危機感を抱いた愛好家によって2009年より、「パテ・クルート世界選手権」が毎年開催されるようになり、表舞台に再登場しました。折り込みパイ生地またはブリゼ生地で作られる皮の中身は、豚肉、ウサギ肉、家禽肉にキノコやピスタチオ、フォワグラなど多様。皮とパテ、そしてブイヨンで作ったジュレの絶妙なバランスが美味しさの決め手です。

ブリオッシュ風生地バージョンは切り目が立体的に持ち上がり、まさにクマの足のように見えます。

クマの足の形をしたクリームパン?

　フランス語の名前の意味は「クマの足」。その仕上がりの形から「パット・ドゥルス」と呼ばれるのですが、2つのバージョンがあるよう。ひとつは長方形の折り込み発酵生地にカスタードクリームを挟み、生地を合わせた側に3つの切り込みを入れたもの。もうひとつは写真のようにブリオッシュ風生地にカスタードクリームを挟み、生地を折り曲げた側に切り込みを入れたもの。アーモンドクリームやチョコチップを加える場合もあり、「スイス」や「ドロップ」と呼ばれることも。それにしても写真のバージョンを見て、日本のクリームパンを思い出しませんか？　日本のクリームパンも、カスタードクリーム入りでグローブのような形が特徴的。1904年、生みの親である中村屋がパンが膨らむことによって生じる空洞をなくすために、切り込みを入れたところ、現在のような形になったとか。フランスのパット・ドゥルスがどのようにして誕生したかは謎ですが、可愛らしい足型をした菓子パンは、現在も子供たちを魅了しています。

77 / **Petit-déjeuner**

プティ・デジュネ【pəti deʒœne】

家庭では前日のバゲットを「タルティーヌ」にして、トーストして食べるのが一般的。贅沢に楽しみたい時は、クロワッサンやブリオッシュ、マドレーヌなど甘いものを。シリアルも人気です。

甘いパンが主役のフランス風朝ごはん

　元は断食を絶つという意味があった「デジュネ」は、朝起きて取る1日の最初の食事を指す言葉でした。時代とともに「デジュネ」の時間が遅くなり、その前に取る軽い食事を「プティ・デジュネ」と一般的に呼ぶようになったのは、20世紀になってから。パンをブイヨンに浸したスープが民衆の主な食事だったのが、18世紀に上流階級からチョコレートやカフェオレを朝食に飲むようになります。パリにカフェが増えて行くのもその時期で、労働者階級の人々も仕事に行く前に、カウンターでコーヒーやカフェオレを飲むように。温かい飲み物にはパンをお供にし、ひと昔前はスープに浸していた固くなったパンはカフェオレに浸して食べるようになります。地域によってはチーズやハム、「ウフ・ア・ラ・コック」を添えることもありますが、イギリス風ブレックファーストとは異なり、フランス風は「軽く」がお決まり。ジャムを塗った「タルティーヌ」やシリアル、ヨーグルト、フルーツなど、あくまでも甘いもので目を覚まします。

じっくり炒めた甘い玉ねぎに、プロヴァンス産の大振りのアンチョビとオリーブがアクセント。

甘くなるまで炒めた玉ねぎがメインのピザ

「ピサラディエール」とは、ニースの伝統的な料理のひとつで、ニサール語で塩漬けの魚を意味する「ピサラ」の言葉が語源。元はアンチョビやイワシの稚魚を塩でもんで発酵させて作ったペースト（ピサラ）を、生地に塗って焼いたものでした。現在では、オリーブ油を加えて作ったパン生地、もしくはブリゼ生地を薄く伸ばした上に、タイム、ローリエ、ニンニク、細かく切ったアンチョビと一緒に、甘くなるまでじっくりと炒めた玉ねぎをのせます。それをオーブンで焼いて、アンチョビとオリーブをのせたら出来上がり。生地と同じくらいの厚さに、たっぷりと玉ねぎをのせるのが伝統です。このピサラディエールには他のバージョンもあり、甘く炒めた玉ねぎとオリーブだけならば「タルト・ドゥ・マントン」、玉ねぎとアンチョビを炒める時にトマトを加えたならば「ピシャド・ドゥ・マントン」になります。イタリアに隣接する地中海沿いの町、マントンのスペシャリテに。所変われば材料も名前も変わる、地中海風ピザなのです。

79 / Poids de pain

ポワ・ドゥ・パン【pwɑ də pɛ̃】

Pain…400g

「パン」もしくは「パリジャン」とも呼ばれる大きめの細長いパン。バゲットと比べて、皮よりも身の割合が多いのが特徴です。

Baguette…250g

表面にクープが5本入っている「バゲット」。皮と身の程よい割合と1日で食べきれるサイズが、長く親しまれている秘訣。

Ficelle…125g

「紐」という意味の「フィセル」、または「フルート」と呼ぶ場合も。皮が多めでひとり分のバゲットサンドを作るのにちょうどいい細さ。

重さや形によって変わるパンの名前

「パン・コンプレ」や「パン・ドゥ・セーグル」など、全粒粉やライ麦粉などの素材で作られたパンは、内容の分かる名前がついています。通常の小麦粉を使ったパンにもさまざまな種類があるのですが、その名前は重さや形で変わるのです。ただし、それらのパンの名前ひとつひとつに対して、定義があるわけではありません。パリを代表するバゲットをとっても、パリ市主催のバゲットコンクールの規定では、長さは55〜70㎝、重さは250〜300gとなっています。また地域によって見解が異なる場合も。パリ周辺ではバゲットは250g、フルート（笛）と呼ばれる細長いパンは200gで売られていることが多いのですが、ノルマンディー地方のセーヌ・マリティム県では、バゲットは200g、フルートは250gで売られているとか。もちろん、パン屋さんでは値段とともに重さを明記する義務があるのですが、それさえ守っていればパンの名前はイメージ的なもので、厳格な決まりは必要ないのでしょう。時代によっても流行するパンが異なるフラ

Tradition…250g

バゲットと同じ重さながら身の密度が濃いため、見た目は小さく見える「トラディスィヨン」。

Batard…250g

「中間」という意味の「バタール」は、固くもなく柔らかくもない中間の身だったのが、名前の由来だとか。

ンス。例えば、19〜20世紀にパリのパン屋さんでよく売られていたのが「ジョコ」や、ワイン商人のパン「パン・マルシャン・ドゥ・ヴァン」でした。最長のもので2mもあったという細長いパンは、そのまま長いサンドイッチ「カス・クルート」となって、パリのカフェのカウンターを賑やかしていたそう。一般的に400gの細長いパンである「パン」や「パリジャン」は、現在ではパリのパン屋さんで見かけなくなっています。それらの細長いパンよりも、昔ながらのパン作りに戻る傾向にあるパリでは、天然酵母を使った発酵時間も長い、丸いパンもしくは量り売りする大きなパンが、人気があるようです。また、パンの種類も多種多彩になり、似たような形のパンは淘汰されて行く運命にあるのでしょう。結局のところ、「バゲット」は日常的に食べやすいその大きさによって生き残り、フランスを代表とする地位にまで昇格したのかも。もしバゲットが400gだったならば、今頃忘却の彼方に追いやられたパンとなっていたかもしれません。

80 / **Pouding**
プディング 【 pudiŋ 】

フランス語でも英語と同じスペル（pudding）と書くことも多いです。残って固くなってしまったパンを無駄なく使えるのはもちろんのこと、家にあるもので簡単にできる家庭的なデザートです。

固くなったパンで作るリサイクルデザート

「プディング」と言うと、英語が由来のように聞こえますが、実はフランス語の「ブーダン」が語源。豚の血入りのソーセージとしてお馴染みの「ブーダン」と何の関係があるかと言えば、「小さなソーセージ」という意味のラテン語がさらに語源で、イギリスの「プディング」はデザートのみならず、腸詰料理も指す言葉なのです。同じようなデザートをベルギーでは「ボディング」と呼ぶため、こちらの方が語源に近い発音のよう。英語とはスペル違いのフランスの「プディング」は、他の国同様、残ったパンを使って作るお菓子を指します。固くなったパンを牛乳に浸して柔らかくし、卵と砂糖、好みでレーズンやプルーン、シナモンなどを混ぜ合わせ、型に入れてオーブンで焼くだけの簡単なもの。家庭で固くなったパンを使いきるリサイクル法ながら、牛乳で戻すだけで小麦粉のように再利用できるなんて、パンの懐の深さを感じずにはいられません。使うパンはバゲットに限らず、「パン・ドゥ・カンパーニュ」など異なる味わいでお試しを。

Praluline

プラリュリーヌ【 pʁalylin 】

パリにあるお菓子屋さん「フランソワ・プラリュス」で、「プラリュリーヌ」が手に入ります。

ピンクのプラリネ入りブリオッシュ

　フランスを代表する砂糖菓子のひとつであるプラリネ「プラリーヌ」は、焙煎したヘーゼルナッツに熱した砂糖をコーティングしたもの。キャラメル状になった茶色いものが知られていますが、カイガラムシから抽出された天然着色料、コチニール色素で着色されたピンクの「プラリーヌ・ローズ」もあります。このピンクのプラリネをブリオッシュ生地に混ぜ込んだ菓子パンが「プラリュリーヌ」。1955年にローヌ・アルプ地方のロアンヌの町で、お菓子屋さんを営んでいた菓子職人、オーギュスト・プラリュスによって作られました。自社製のプラリネは20kgのナッツに対して約1時間かけて、職人がレードルで何度もシロップを絡ませて作ります。そのプラリネを砕き、伸ばしたブリオッシュ生地で折り込む作業を、表面にプラリネが出て来るまで繰り返し、丸く形を整えて焼き上げます。バター風味豊かなブリオッシュに、惜しみなく使われたプラリネの香ばしさと、固い糖衣の食感がアクセントになり、病みつきになる美味しさです。

Prix du pain

プリ・デュ・パン【pʁi dy pɛ̃】

パン屋さんはパンの重さと値段を明記する義務があります。量り売りならば1kgに対しての値段も。

フランス革命を引き起こしたパンの値段

　フランスの主食として生活に欠かせないパンは、昔から価格が厳密に規制されてきました。しかし、決められたパンの値段に対し、不作で小麦の価格が上がると重さや混ぜ物でごまかすパン屋さんが現れることに。各時代の統治者は、民衆にパンの質と値段を保証する義務がありました。小麦の大凶作でパンの値段が高騰したことに始まった民衆の暴動が、1798年のフランス革命まで発展したことは、パンの価格が政権をも覆しかねない象徴でしょう。その後、人々が等しくパンを買えるように上限価格を定めたのですが、近代化で工業製の安価なパンに対抗すべきパン職人にとって、質を追求する足枷に。ようやく1987年にパンの価格が自由化され、高品質なパンを作る職人が徐々に増えていきます。ただし、1900年にフランス人1人あたり平均900gあった1日のパンの消費量は、現在はたったの120g。主食から添え物となったパンに人々は、量よりも質を求め始めたよう。フランスのパン屋さんはさらに美味しいパンを要求されそうです。

83 / Quiche

キッシュ [kiʃ]

余ったパン生地と窯の余熱を利用した節約レシピ

「キッシュ・ロレーヌ」と言われるようにロレーヌ地方発祥で、ドイツ語でお菓子を意味する「クシェン」が語源。その昔はパン作りで余った生地を薄く伸ばし、卵と生クリームを混ぜ合わせ、上に塗って焼いたものでした。村にある共同のパン焼き窯で、パンを焼いた後の余熱を利用して作れ、その日はパンを作るのに忙しい女性を助ける、食事の準備がいらない軽食でもあったのです。したがって見た目はピザのように平らで、季節によってネギを入れるくらいのシンプルなものでした。18世紀に、タルト型にブリゼ生地を敷いてアパレイユを流し込む、厚みのある塩味のタルトに変化していきます。今やキッシュ・ロレーヌを作るのに欠かせないと言われる、豚バラ肉が入るようになったのは、19世紀のことだとか。ブリゼ生地に卵と生クリーム、バラ肉が本物のキッシュ・ロレーヌの材料ながら、現在ではパイ生地を使ったり、サーモンやツナ、季節の野菜を入れたりとバリエーション豊かに。サラダを添えれば立派な一品の出来上がりです。

パン屋さんでもお菓子屋さんでも見かける定番のお惣菜。キッシュの中身は多種多様で、大きさは厚くなるばかり。定番の材料を使ったものだけが「キッシュ・ロレーヌ」と呼ばれます。

84 / **Roulé**

ルレ【ʀule】

チョコレート入りエスカルゴ形パン

　見た目は完全なる「パン・オー・レザン」でも、中身が異なると名前も変わり、その名も「巻いた」という意味の「ルレ」。ブリオッシュ生地または折り込み発酵生地に具を巻き、輪切りにして焼く作り方も同じ。そもそもパン・オー・レザンと聞いて、知らない人はレーズン入りパンを想像することでしょう。レーズン入りのエスカルゴ形パンがパン・オー・レザンで一般的だとはいえ、同じエスカルゴ形でチョコレート入りパンを「パン・オ・ショコラ」とすることは、同じ名前の菓子パンが存在するためにも不可能というもの。したがってレーズン以外の具が入ったロール形のパンはルレとなり、さまざまなバリエーションがあります。よく見られるのは、ピスタチオ風味のカスタードクリームにチョコチップが入ったもの。スウェーデン生まれのシナモンロールは、パリでも人気で「ルレ・ア・ラ・カネル」。それならば、パン・オー・レザンは「ルレ・オー・レザン」にした方がシンプルな気がしますが、今さらなのでしょうね。

「パン・オー・レザン」と同じエスカルゴ形で、「エスカルゴ」とも呼ばれています。ピスタチオクリーム＆チョコチップのコンビが定番ながら、シナモンロール（右）も同様の名前で売られています。

85 / Rue du four

リュ・デュ・フール 【ʁy dy fuʁ】

パリにパン焼き窯があった面影が通りの名に

　すべての道に名前があるパリには、6区に「窯通り」という意味の「リュ・デュ・フール」が あります。フランス各地の町や村にも同じ名前の道が存在するのですが、それはその昔にパン焼 き窯があった場所だから。パリの場合は「リュ・ドゥ・レンヌ」と「リュ・デュ・フール」の交 差点辺りに、13世紀、サン・ジェルマン・デ・プレ修道院が所有する窯が存在したことに由来 します。当時は封建制の時代で、領主は領地に窯を設置する代わりに、住民から使用料（税金） を取り、パンを焼く権利を与えていました。他に製粉機やワイン製造のためのブドウの圧搾機な ども、同様に課税の対象でした。生活の必需品であるパンやワインを作るのに必要な窯や圧搾機 は、共同で使用すべき、いわゆる公共のものだったのです。フランス革命でこの制度は廃止され、 共同窯は地域共同体や、年間使用料を払うパン屋さんの所有になっていきます。田舎ではパン焼 き窯の跡が残っているかもしれませんが、パリでは道の名前にその名残があるだけです。

パリ6区にある「リュ・デュ・フール」は、今では商店が並んだ賑やかな通りになっています。

S

86 / Sac à pain

サッカ・パン【 sa ka pɛ̃ 】

昔からフランスにあるパンのエコバック

　昔はフランスのどの家庭にもあったパン用袋「サッカ・パン」。人々は布製の細長い袋を持って、パン屋さんにパンを買いに行ったものでした。そして買ってきたパンはその布袋の中に入れたまま、保存もできたのです。いつの間にその習慣は失われてしまい、パン屋さんでパンを買うとバゲットならば細長い紙袋に入れ、丸いパンならば紙で包んで端をねじって留め、渡してくれるようになりました。バゲット用紙袋は製粉所の商標が入っていて、どこの小麦粉を使っているのかが分かります。でも、パンを持ち帰るためだけに使う紙袋は、パンを食べれば捨てられてしまう運命。大勢の人が毎日買うバゲットに使用する紙袋の量を考えると、大量の紙の無駄です。スーパーでも、早々にレジ袋有料となったフランスですが、エコバックを持ち歩いていればパン屋さんの紙袋も必要なく、2倍にエコになるというわけ。エコバックを持ってパン屋さんを訪れると、パン屋さんも喜んでくれるようになりました。実は昔ながらの習慣なんですけれどね。

以前はパン屋さんの名前が入ったパン袋を、パン屋さんが販売していました。今ではなかなか見つかりませんが、布製のエコバックでも代用可。大きなパンが入る大きな布袋は手作りしても。

87 / Sans gluten

サン・グルテン【 sɑ glytɛn 】

S

パンが食べられない人のための米粉のパン

　フランス語でグルテンフリーは「サン・グルテン」。グルテンとは小麦粉に含まれているタンパク質の一種で、水と混ぜ合わせることで生まれ、生地に弾力を出し、パンを膨らませる役割もあります。このグルテンを摂取するとアレルギー反応が出る人や、さらに深刻な症状になるセリアック病の人が増えているのだとか。しかし、パンを主食とした長い歴史を持つフランスで、なぜ近年になってグルテンが問題になったのでしょう。小麦をより短期間に大量に生産するために重ねてきた品種改良や、農薬の使用が原因だとも。そこで注目され始めたのがグルテンを含まない食品。パリでもグルテンフリーのパン屋さんやお菓子屋さんが人気です。グルテンフリーのパンとは、小麦粉の代わりに主に米粉で作ります。また、ヒトツブ小麦やスペルト小麦の古代小麦は、アレルギー症状が出にくいとも言われます。たとえアレルギーがなくとも、もっちりとした食感で小麦とは異なる美味しさの米粉のパンは、パンのひとつの種類として楽しみたいものです。

パリのグルテンフリーのパン屋さんとして人気の「シャンベラン」。自社の製粉所で精製される米粉、ソバ粉、モロコシ粉、雑穀粉を使った、美味なるパンはアレルギーがないパリジャンにも好評。

88 / **Saucer**

ソセ【sose】

お皿のソースをパンで拭うのはマナー違反?

　お皿の上の肉や魚の周りに上品に掛けられたソースと言えば、フランス料理のイメージのひとつ。ヌーヴェルキュイジーヌ以降、伝統的な重いソースは敬遠されるようになって久しいですが、シェフの洗練された技術によって作られる多彩なソースは、フランス料理に不可欠。家庭では高度な技術が必要なソースは作らなくとも、肉汁や煮汁も立派なソースになります。そして、お皿に残ったソースをパンの欠片で拭って最後の一滴まで食べるのが、フランスらしい食べ方のひとつ。ただし、このパンでソースを拭う「ソセ」は、テーブルマナーとして「してはいけない」禁止事項でもあるのです。「フォークに刺したパンでソースを拭う」ことさえも不作法であるとか。星つきレストランやフォーマルな席ではテーブルマナーとしてそぐわない場合があるでしょう。でも美味しい料理が出されたら全部食べ尽くすことは、料理人に対する賛美とみなされるのも、美食の国フランス。場所と状況を考えて、気持ちよく美味しく食事をするのが一番のようです。

家庭では多くの人がパンでソースを拭って食べ尽くします。料理した側としてはうれしいもの。

89 / Socca

ソッカ【soka】

ニース名産のヒヨコ豆のガレット

　ヒヨコ豆の粉を使った料理は約8000年も前から存在すると言われます。「ファラフェル」が代表するように主に中東で食されてきたもので、地中海に浮かぶシチリア島や南イタリアでも人気の食材です。フランスのコート・ダジュール地方の町、トゥーロンにヒヨコ豆の粉で作ったガレットが出現したのは、19世紀頭のこと。ナポレオン1世が軍用の船を作るために、イタリアから労働者を呼び寄せた際、移民によってもたらされ、「カード」と呼ばれたとか。それがなぜニースで「ソッカ」という名になったかは定かではありませんが、20世紀になってから路上の屋台で焼き立てを売られるようになりました。熱いうちにその場で食べるフィンガーフードで、当時の労働者たちはパンに挟んでサンドイッチにして食べたとか。カリッと焼かれた表面に、内側はもっちりとした食感で、ヒヨコ豆のほのかな甘さに黒コショウがアクセントになっています。小腹を満たすにも、プロヴァンス産のロゼワインとともにアペリティフにももってこいです。

パリで「ソッカ」が味わえるのは、アンファン・ルージュの屋内市場に店を持つ「シェ・アラン」。

90 / Soupe à l'oignon

スープ・ア・ロニョン【 sup a lɔɲɔ̃ 】

甘い玉ねぎのパン入りスープ

　そもそも「スープ」とは「ブイヨンに浸したひと切れのパン」を指す言葉でした。時を経て、現在のような液体状のスープとなるのですが、オニオンスープ「スープ・ア・ロニョン」は、そんなスープの原形のような料理。キャラメル状に炒めた玉ねぎにブイヨンを加えて煮、乾燥させたパン「クルトン」を入れ、チーズをかけてグラタンのように表面に焦げ目をつけるため、「グラティネ」とも呼ばれます。とろりと溶けるチーズの蓋を割ると、中からは汁気を含んだアツアツのパンが出てきます。そんなパン入りスープはフランスの各地に見られ、貧しい人々にとって固くなったパンを食べきるための節約料理でもあったのです。また味気ないスープにひと味プラスし、とろみをつける役割もありました。プロヴァンス地方の魚介のスープ、「ブイヤベース」や「スープ・ドゥ・ポワソン」も、ニンニクを塗ったクルトンとチーズを加えて食べる料理。お腹を満たしてくれるとともに、味付けにもひと役買うパンは庶民の頼もしい味方です。

フランスでは「スープを食べる」と言うのも納得の、パン入り「オニオン・グラタン・スープ」。

子供たちに人気の甘いヴィエノワズリー

　一般的に見られる形は、ブリオッシュ生地でカスタードクリームとチョコチップを挟んで焼いた長方形。「パン・スイス」や「ブリオッシュ・スイス」とも呼ばれますが、なぜ隣国のスイスが名前に入るかは、定かではないよう。ちなみに「パン・オー・レザン」のことも、同じように呼ぶ場合があります。他にも「ドロップ（しずく）」、「ペピート（チョコチップ）」、「プリエ・オ・ショコラ（チョコレートを畳んだ）」、さらにねじって作る「トルサード（らせん）」、「クラヴァット（ネクタイ）」など、いろんな名前を持つヴィエノワズリーなのです。折り込み発酵生地で作るバージョンもあり、卵黄で艶よく仕上げるか、粉糖を振ったり、アイシングをかけたり、パン屋さんによって出来上がりもさまざまです。柔らかいブリオッシュ生地とカスタードクリームが口の中で混ざり合い、チョコチップがアクセントとなった甘い味わいは、昔から変わることなく、子供たちのおやつとして不動の地位を築いています。

店によって名前が異なるヴィエノワズリーながら、多くのパン屋さんで見つかる定番ものです。

92 / Tarte au sucre

タルト・オ・スュクル【taʁt o sykʁ】

独特の風味を持つブラウンシュガーが主役

　その名もそのままの、砂糖のタルト「タルト・オ・スュクル」は、フランス北部のノール県のお菓子です。起源は17世紀後半に遡り、元はクリーム入りのタルトでした。当時、アンティル諸島からダンケルクの港に届いた、サトウキビの糖蜜や粗糖を精製する工場がこの地に多く建設され、クリームのタルトにサトウキビの砂糖を加えるレシピが生まれます。その後、サトウキビの輸入が途絶えると、この地で栽培されるテンサイの砂糖が使われることに。よって、サトウキビの糖の結晶である赤砂糖「カソナード」か、テンサイの糖液を煮詰めて作られる茶色の砂糖「ヴェルジョワーズ」（北部ではサトウキビの砂糖も同様に呼びます）を使って作るのが伝統的。ペースト状の生クリームを加えたブリオッシュ生地を丸く伸ばし、ヴェルジョワーズとバター、卵、生クリームを混ぜたソースを上にかけて焼き上げます。コクのあるヴェルジョワーズがグラサージュのように掛かったブリオッシュは、まさにリッチな味わいです。

パリでは、リールのお菓子屋さん「メール」で「タルト・オ・スュクル」が手に入ります。

93 / Tarte tropézienne

タルト・トロペズィエンヌ【taʁt tʁɔpezjɛ̃ñ】

サン・トロペ生まれのブリオッシュのクリームサンド

　アーティストや著名人が過ごすリゾート地として名高い、コート・ダジュール地方のサン・トロペの町。1955年、この町にポーランド出身の菓子職人、アレクサンドル・ミカがお菓子屋さんを開きました。彼のスペシャリテは、彼の祖母のレシピからインスピレーションを得て作ったクリームを挟んだ、ブリオッシュ生地のタルト。ちょうど映画の撮影で訪れていたフランスの女優、ブリジット・バルドーがこのタルトに魅せられ、サン・トロペの名前をつけてはと提案したとか。こうして生まれたサン・トロペのタルト「タルト・トロペズィエンヌ」。柔らかいブリオッシュ生地の中には、カスタードクリームにバタークリームを混ぜ合わせた、トロペズィエンヌ・クリームがたっぷりと入っています。見た目的にもクリーム的にも甘みが強い印象ですが、甘さ控えめで大振りのひとり分でもペロリと食べられる、ブリジット・バルドーが好んだのも納得の美味しさ。現在では、パリの多くのパティシエによって作られたものが各店で見つかります。

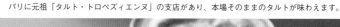

パリに元祖「タルト・トロペズィエンヌ」の支店があり、本場そのままのタルトが味わえます。

タルティーヌ【taʁtin】

朝食、昼食、おやつ、アペロにまで変幻自在

　タルトの派生語と言われる「タルティーヌ」は、タルト同様に塩系、甘系など多種の具を上にのせられるパンの薄切りを指します。1596年に初めて文献に登場した時は、バターを塗ったパンのひと切れのことだったよう。ただし19世紀末までは無作法で下品な言葉とみなされ、ブルジョワ階級ではブリオッシュやヴィエノワズリーに、薄くバターを塗ってお上品に食べることを好んだものでした。20世紀になってから、子供のおやつや朝食として「タルティーヌ」は大人気になります。上に具をのせられればいいのですから、パンを薄切りにしたり、バゲットの厚みを半分に切ったり、さまざまなパンで作ることが可能。ジャムやハチミツはもちろん、タルティーヌに塗るためのチョコレートやナッツのペーストも、種類豊富に売られています。塩系ならばオープンサンドや、チーズをかけて焼いたピザ風のものまで、タルティーヌと呼ぶことが可能。となるとアペリティフにも活躍するタルティーヌは、使い勝手抜群です。

バゲットの厚みを半分に切り、バターやジャムを塗って食べるのが最も一般的。さまざまなパンを薄切りにして作ることも可能です。オープンサンドで上に具をのせたものも「タルティーヌ」です。

95 / **Tourte**

トゥルト【tuʁt】

じっくり味わいたい昔ながらの丸いパン

「トゥルト」と言うと、詰め物をした丸いパイ生地の料理が一般的に知られているかもしれません。パンでトゥルトとは精製度の低い小麦粉で作ったもののこと。双方の共通する点といえば、丸い形です。フランスの各地にトゥルトはあるようですが、オーヴェルニュ地方など、山岳地帯の小麦の栽培には向かない土地で作られる「トゥルト・ドゥ・セーグル」が有名。ライ麦粉100％で作られるため、同じ丸いパンである「ブール」よりも膨らみがなく、平らな形に仕上がります。パリのパン屋さんでも昔ながらの手法で作る、伝統的なパンを売りにする店が増え、そんな店で必ずと言っていいほど見かけるのが、この褐色がかった素朴なパン。自然にできる焼き上がりの割れ目が、美しい模様のように表面を飾っています。香りが強く立ち上り、噛み応えのある固い表皮の中には、気泡が全面に入ったしっとり柔らかく、酸味のある身がギュッと閉じ込められています。フランスのパンの昔ながらの美味しさを楽しむのにもってこいです。

パンの焼ける音が聞こえてきそうな、美しい割れ目が入った「トゥルト・ドゥ・セーグル」。

Tourteau fromagé

トゥルトー・フロマジェ【 tuʁto fʁɔmaʒe 】

真っ黒く焦げたシェーブルチーズのタルト

　真っ黒い表面が一際目を引く「トゥルトー・フロマジェ」は、ヌーヴェル・アキテーヌ地域に位置した旧ポラトゥー州の名産。19世紀にニオールの町近くで、とある料理人がシェーブルチーズのタルトを作っていたところ、窯の中に1つ置き忘れてしまいました。後で見つけた時には、タルトはぷっくりと膨れていて表面は真っ黒！　切ってみると中までは焦げておらず、膨らんだ身はとても柔らかく味わい深いものに仕上がっていたのです。料理人の失敗によって生まれたこのお菓子は表面を焦がすことが大切で、外側に黒い皮を作ることで、内側のふんわりとした身を保つ効果があります。底が丸い陶器の型にブリゼ生地を薄く敷き、フレッシュなシェーブルチーズと砂糖、牛乳を混ぜ合わせ、卵白を泡立てて加えたアパレイユを中に入れます。オーブンに入れ、最初は高温で表面を黒く焦がし、温度を低くして中まで焼き上げるというもの。見た目に反して焦げた味わいはせず、シェーブルチーズの風味がふんわり漂うシンプルな味わいです。

パリではあまり見つかりませんがチーズ専門店にある場合が。牛のフレッシュチーズで作ることも。

通常のバゲットと伝統的なバゲット、どっちを選ぶ？

　正確には「バゲット・ドゥ・トラディスィヨン」ですが、日常では「トラディスィヨン」、略して「トラディ」とも呼びます。1920年から盛んに作られ始めた「バゲット」ですが、褐色のパンしか手に入らなかった飢饉や戦時中のイメージから、人々はより白い身のパンを欲していきます。さらに味のない工業製品が出回るようになり、フランスのパンの質の低下、そして人々のパン屋さん離れを懸念して、1993年に法律を制定。小麦粉、水、塩、パン種またはイーストの材料に、添加物（ソラ豆粉、大豆粉、モルトパウダーを除く）を一切加えず、製造過程で冷凍技術を用いずに作られたパンのみが、「伝統的なパン（パン・トラディスィヨネル）」と明記できることになりました。現在では通常のものとトラディスィヨンの2種類のバゲットがどのパン屋さんにも並びます。トラディの方が値段は高いのですが、やはり味も日持ちも勝ります。フランスの伝統的なパンの味わいとパン職人の技術は、法律でも守られているのです。

見た目にも異なる通常の「バゲット」（右・上）と伝統的な手法で作る「トラディスィヨン」（左・下）。「トラディスィヨン」の方は、クープが縦に1本だけの場合もあり、気泡が大きく不揃い。

Tremper

トランペ【tʁɑ̃pe】

古くから伝わるパンを浸す楽しみ方

　フランスのパンの特徴である、厚い皮に覆われた大小さまざまな気泡のある身は、噛みしめると深い味わいが楽しめるものですが、さらに素晴らしい特性があります。パンを液体に浸しても皮や身の構造を維持したままで中に汁気をたっぷりと含み、パン自体の味わいも損なわないこと！　だからこそ、大昔から固いパンをふやかしたスープが食べられてきたのでしょう。「オニオン・グラタン・スープ」などで、パンをスープに浸す「トロンペ」の精神は現代にも受け継がれています。甘口ワインにパンを浸すのも、ワインの産地で古くから見られた習慣。パンだけでなく、シャンパーニュ地方の名産「ビスキュイ・ローズ」はシャンパンに、かのプルーストは「マドレーヌ」を紅茶に浸していたのはご存知の通り。朝食でタルティーヌやクロワッサンをカフェオレに浸すために、ボウルを使うのも一般的です。浸したパン（焼き菓子）は、食感も風味も元のものとは異なり、新たなる味わいが楽しめることをフランス人はよく知っているのです。

南仏の魚介のスープ「スープ・ドゥ・ポワソン」は、現在でもパンを浸して食べる典型的な料理。

Viennoiserie

ヴィエノワズリー【vjɛnwazʁi】

ウィーンを発祥とするフランス風の菓子パン

「ウィーン風」という意味のパンの種類を指す、「ヴィエノワズリー」の言葉が出現したのは20世紀ながら、事の起こりは1839年のこと。オーストリア出身のオーギュスト・ザングが、パリにウィーン風のパンを売るパン屋さんを開いたことに発端します。彼がウィーンからもたらした「パン・ヴィエノワ」や「クロワッサン」は、小麦粉にイーストと牛乳で作ったパンで、バターを使うのは稀、パイ生地でもありませんでした。初期のパンこね機を使い、ウィーン風スチームオーブンで艶よく焼き上がったパンは、当時のパリジャンたちを魅了します。それまでパン種にイーストを混ぜていたのが、初めてイーストのみで作るようにもなったのもこの時期。これらの技術で作られた贅沢なパンは、すべてウィーン風と呼ばれたのです。20世紀初め、フランスで折り込み発酵生地が作られ始めると、現在のフランス風クロワッサンが誕生。ウィーン生まれのヴィエノワズリーはブリオッシュ生地やパイ生地を使う、「フランス風」となったのです。

現在の「クロワッサン」や「パン・オ・ショコラ」などは、フランス生まれのヴィエノワズリー。ブリオッシュ生地やパイ生地を使った甘い菓子パンは「ヴィエノワズリー」の分類になります。

100 / Viking

ヴィキング【vikiŋ】

パリのパン屋さんを制覇し始めた海賊風パン

　パリのパン屋さんでよく見かけるようになったパンで、その名もバイキング（海賊）の「ヴィキング」。店によってはバルト海風「バルティック」とも呼ばれています。名前の由来はスカンジナビア諸国のパンの影響を受けているためで、蒸して作るアイスランドのライ麦パン、「ルーグブロイズ」に似ているとも言われながら、フランス版ではオーブンで焼いて皮をしっかり形成するタイプ。ライ麦粉、小麦粉、大麦粉を混ぜた生地にヒマワリ、ゴマ、亜麻、雑穀などの種子を混ぜ込んで作られる褐色のパンは、大抵型に入れて焼かれるために長方形で、スライスしていただきます。種子の香ばしさがアクセントになった皮の中は、コンパクトに凝縮したほろりと崩れる素朴な身。カリッと焼かれた皮と弾力のある身の対比を楽しむ、一般的なフランスのパンに比べると、その味わいはドイツパンや北欧パンに近いイメージ。ライ麦の酸味のある味わいは、やはり魚介類と相性がよく、スカンジナビア風にスモークサーモンをのせるのが定番です。

パン屋さんの陳列棚でひと際目を引く、多種の種子に覆われた褐色のパン。チーズにも合います。

酒巻洋子
Yoko SAKAMAKI

編集ライター／カメラマン
女子美術大学デザイン科卒業後、料理学校、ル・コルドン・ブルーに留学のため渡仏。
帰国後、編集プロダクション、料理雑誌の編集部を経てフリーに。2003年、再度渡仏し、
現在パリとノルマンディーを行き来する生活を送る。
著書に『フランス バゲットのある風景』『パリにゃん』シリーズ、『フランス人とパンと朝ごはん』
『フランス人と気の長い夜ごはん』『"結婚"をやめたパリジェンヌたち』（すべて産業編集センター）、
『パン屋さんのフランス語』『お菓子屋さんでフランス語』（ともに三修社）など多数。
パリのお散歩写真は「いつものパリ（paparis.exblog.jp）」にて公開中。
● instagram
@normaninuneko
@parinien

フランスから届いた パンのはなし

2020年3月13日　第一刷発行

著者　酒巻洋子
写真　酒巻洋子
ブックデザイン　三上祥子（Vaa）
編集　福永恵子（産業編集センター）

発行　株式会社産業編集センター
〒112-0011　東京都文京区千石4-39-17
Tel 03-5395-6133
Fax 03-5395-5320

印刷・製本　株式会社シナノパブリッシングプレス